100% Nature & Sciences

AUZOU

Textes : Christine Amand, Pierre Averous, Marylène Bellenger, Patrick David, Nane Dujour, Françoise Fagnent, Nanon Gardin, Deborah Lacotte, Corinne Laporte, François-Georges Lavacquerie, Christine Loyon, Barbara de Negroni, Claude Mounier, Isabelle Simon, Gilles Viau
Iconographie : Fotolia, Shutterstock
Relecture : Joan Glorennec

Direction générale : Philippe Auzou
Direction éditoriale : Gwenaëlle Hamon
Coordination éditoriale : Coline Koscielniak

Création graphique : Véronique Vagneur
Mise en pages : Véronique Vagneur
Couverture : C'Graphik
Fabrication : Bertrand Podetti

Dépôt légal : février 2015
Imprimé en Chine en 2015

Sommaire

PROTÉGER LA NATURE

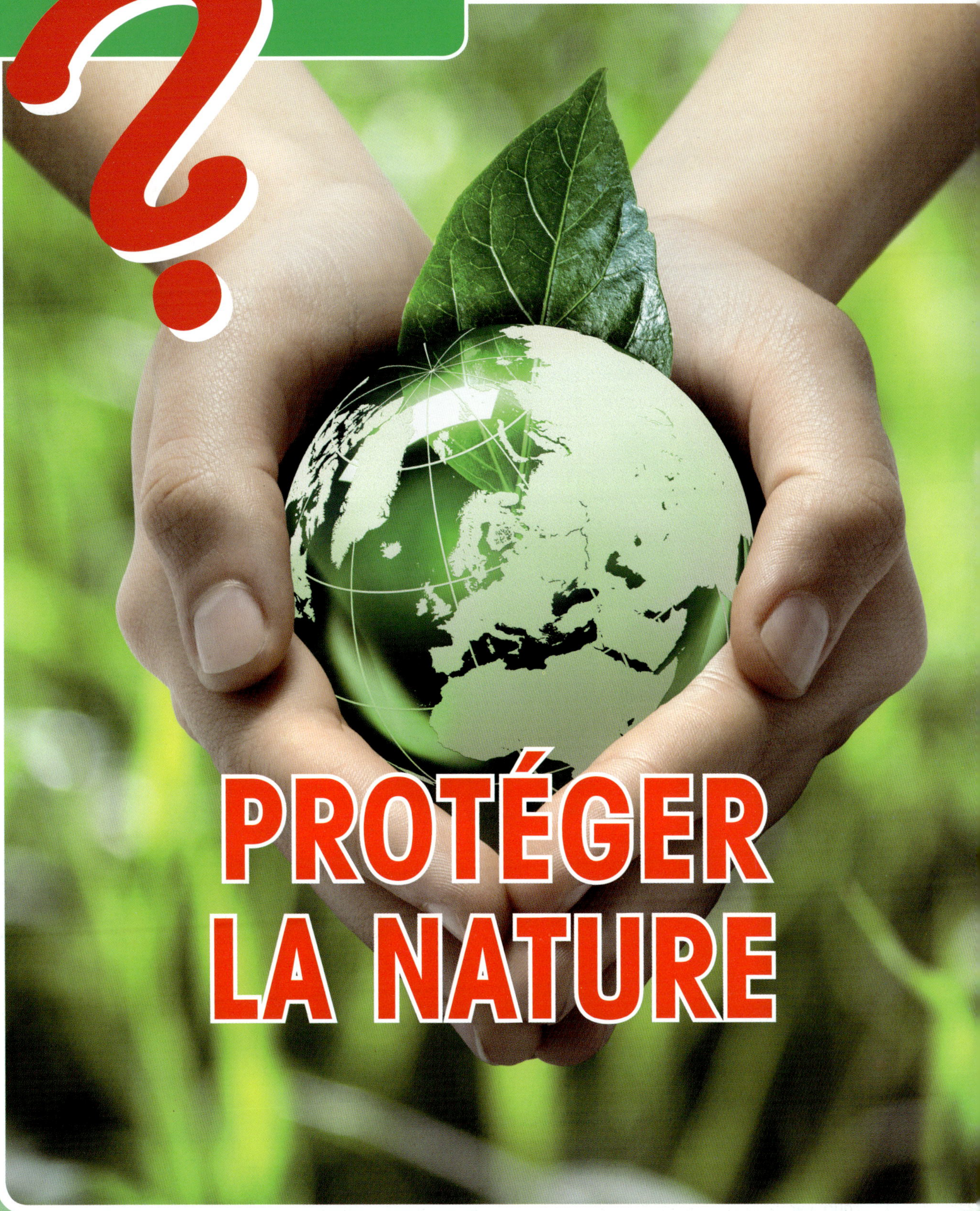

© Fotolia

Qu'est-ce qu'une chaîne alimentaire ?

C'est l'ensemble des espèces vivantes impliquées dans un système assimilable à une chaîne dont chaque élément se nourrit du maillon situé en-dessous et est mangé par le maillon situé au-dessus de lui. Cette chaîne forme ainsi un mouvement naturel permettant le maintien de l'équilibre écologique.

De bas en haut, cette chaîne commence avec le plancton et les algues et se termine avec les espèces carnivores. Herbes et plantes sont consommées par les animaux herbivores ; les insectes – dont certains se dévorent entre eux – nourrissent les insectivores, tels que les amphibiens, les reptiles et les oiseaux. Ces espèces sont elles-mêmes mangées par les carnivores, qui sont consommés à leur tour par les prédateurs carnivores. En empêchant la prolifération des espèces, la chaîne alimentaire bien définie contribue à l'équilibre écologique.

Qu'est-ce qu'un prédateur ?

Un prédateur est un animal qui se nourrit d'autres animaux (nommés des proies). Certains d'entre eux ne sont prédateurs que d'une seule espèce, qu'ils chassent presque exclusivement.

Ainsi, un prédateur peut-il être nuisible à certaines espèces qu'il décime ; cependant, il participe également à l'équilibre biologique naturel en régulant la population animale. Les grands prédateurs que sont le loup, le lynx, l'ours et les rapaces ont été longtemps chassés par l'homme car ils s'attaquaient aux troupeaux de moutons, de chèvres et de vaches.

© Fotolia

Le lion est un prédateur sans proie favorite : il poursuivra aussi bien un gnou qu'une jeune gazelle.

Y a-t-il beaucoup d'animaux en voie de disparition ?

Deux facteurs sont responsables de la disparition d'espèces animales : certains animaux ont été chassés par l'homme jusqu'à extinction totale ou quasi totale de l'espèce ; d'autres se sont éteints à la suite de la modification de leur milieu naturel où ils ne pouvaient plus trouver leurs moyens de subsistance.

© Shutterstock

L'homme est donc directement – ou indirectement – responsable de l'extinction de quelque 5 000 espèces chaque année dans le monde. Outre la chasse et la pêche – pratiquées de manière sauvage, sans aucun respect des cycles de reproduction et de la raréfaction des espèces –, la déforestation et l'aménagement du territoire pour l'agriculture et l'habitat ont, en réduisant les espèces végétales, empêché de nombreux animaux herbivores – donc par extension des carnivores – de continuer à trouver dans la nature la nourriture qui leur était nécessaire. C'est ainsi qu'en France les derniers loups sauvages disparurent dans les années 1930.

Comment sauver une espèce en voie de disparition ?

Une baleine à bosse

Les grands mammifères marins sont ainsi protégés par une réglementation internationale sur la pêche. Cette loi n'est malheureusement pas toujours respectée par les pêcheurs de certains pays comme le Japon et la Russie.

La première étape est de protéger son biotope pour qu'elle puisse prospérer naturellement. Si la disparition menace, on peut tenter de sauver l'espèce en la protégeant par des lois destinées à en empêcher la chasse, et, également, en aidant l'espèce à se développer sans danger dans une zone réservée, interdite de chasse.

Comment les terres se sont-elles peuplées ?

© Fotolia

La vie sur terre est issue des océans. Notre planète s'est peuplée grâce à l'évolution des bactéries aquatiques capables de photosynthèse apparues il y a 2,7 milliards d'années, qui permirent le développement de plus en plus d'organismes végétaux vivants. Ceux-ci envahirent progressivement la terre.

Les premiers invertébrés marins sont certainement apparus il y a 1 milliard d'années. Cinq cent millions d'années plus tard, les plantes, évoluant par stades successifs de la vie marine au cycle des marées, puis à la vie terrestre, développèrent des racines. Les premiers fossiles connus remontent au cambrien, premier stade du paléozoïque, il y a 650 millions d'années. Ce sont des arthropodes (arachnides, insectes), des végétaux supérieurs et les premiers amphibiens qui conquirent la terre ferme. Les formes végétales primitives existant encore à ce jour – les fougères, les prèles et les mousses (lycopodes) – s'établirent il y a 300 millions d'années.

A-t-on pu observer le peuplement d'une terre nouvelle ?

© Shutterstock

Après l'explosion du Krakatoa, en 1883, l'Anak Krakatoa, « l'enfant du Krakatoa », surgit 30 ans plus tard. Sur cette terre vierge, la vie ne tarda pas à apparaître : les oiseaux de mer et le vent apportèrent les premières graines ; les nouvelles plantes permirent à d'autres oiseaux de s'installer.

Oui, au XIXe siècle, après l'éruption volcanique de l'île de Krakatoa (dans le détroit de la Sonde), on a pu assister à la formation d'une terre nouvelle, née du volcan disparu.

Krakatoa, île volcanique située entre Java et Sumatra, subit la deuxième plus grande explosion volcanique de l'histoire du monde. Le volcan Perbuatan explosa en 1883, provoquant un raz-de-marée gigantesque et meurtrier, dont les vagues firent le tour de la Terre. Ce cataclysme fut à l'origine de la naissance d'une terre nouvelle qui apparut, environ 30 ans plus tard, au centre de l'ancien cratère. Cette terre, appelée Anak Krakatoa ou « l'enfant du Krakatoa », fut colonisée par des espèces végétales issues du milieu marin ; ces dernières s'y développèrent, attirant par la suite de nombreuses espèces d'oiseaux de mer. Végétaux, reptiles et oiseaux sont les seuls habitants de cette terre nouvelle.

Quand la pollution de l'air a-t-elle commencé ?

© Shutterstock

La pollution de l'air est surtout due aux usines chimiques et à l'automobile. Les rejets les plus voyants ne sont pas forcément les plus dangereux : les grands panaches blancs ne sont souvent que de la vapeur d'eau – des nuages, en quelque sorte.

Au XIXe siècle, avec le développement de l'industrie, en Europe et aux États-Unis.

C'est à l'ère de la révolution industrielle, lorsque l'homme a commencé à transformer les matières premières en biens de consommation, que s'est également développée la pollution de l'air. Avec l'exploitation du charbon comme combustible – alimentant les grandes industries (textiles, mécaniques, métallurgiques) – a démarré un processus qui s'est ensuite accru avec, d'une part, le développement de l'industrie lourde, du chauffage urbain et des moyens de transport en général dans de nombreux pays, et d'autre part, l'utilisation du pétrole ; ce dernier a remplacé le charbon dans presque tous les domaines industriels.

Les paysages sont-ils différents de ce qu'ils étaient autrefois ?

© Shutterstock

L'activité humaine a causé de très grands changements dans l'aspect du paysage. Agriculture et industrie ont entraîné des modifications sur la quasi-totalité du globe, autrefois presque entièrement recouvert de forêts.

Afin de développer l'agriculture, l'homme a gagné du terrain sur la forêt en défrichant de vastes zones destinées aux plantations et à l'élevage. Il a également conquis la montagne – dégageant des zones de pâturages et de cultures en terrasse – et la mer en asséchant certaines zones. En créant des lacs artificiels avec la construction de barrages, en transplantant certaines espèces végétales d'un milieu à un autre, en asséchant des marais, en exploitant sols et sous-sols (carrières, mines...), l'homme a profondément modifié et remodelé le paysage initial au cours des siècles.

© Shutterstock

Peut-on lutter contre l'avancée du désert ?

Seul le reboisement à grande échelle pourrait empêcher cette avancée. Mais, dans certaines régions au sol trop aride et pauvre, le reboisement n'est déjà plus possible.

On a constaté que le climat du globe se réchauffait, entraînant l'assèchement progressif de certaines régions. Par ailleurs, l'homme, en détruisant les zones forestières, empêche le phénomène de condensation nécessaire à la formation des pluies. Les troupeaux, dévorant la végétation, contribuent au dessèchement des sols qui deviennent peu à peu improductifs. La réduction des troupeaux pourrait aider à limiter la désertification, mais cette solution demeure difficilement envisageable dans des régions où sévit déjà trop souvent la famine. Il semble donc que l'on soit face à un problème très difficile, demandant la mise en place de moyens colossaux pour sa résolution.

Peut-on faire pousser des plantes dans le désert ?

Oui, mais cela reste une entreprise de très grande envergure exigeant des moyens importants et coûteux.

Il est possible d'effectuer des plantations dans le désert, comme cela a notamment été fait en Arabie Saoudite ou en Israël (arbres fruitiers, légumes, céréales). Il faut pour cela aller puiser l'eau douce des sources très profondément dans le sol, ou utiliser de l'eau de mer préalablement dessalée. Toute une infrastructure d'irrigation est nécessaire pour alimenter constamment en eau ces terres arides. D'autre part, le sol, très pauvre en éléments nutritifs naturels, doit être enrichi d'engrais. Toutes ces contraintes rendent très coûteuses les tentatives d'agriculture dans le désert… mais plusieurs pays ont cependant brillamment relevé le défi que leur imposait la nature.

Une petite oasis au milieu du désert en Algérie. Une irrigation constante est aujourd'hui indispensable pour y réaliser des cultures – alors qu'il y a 10 000 ans, cet endroit était peut-être une forêt !

Par quoi l'homme remplace-t-il les forêts détruites ?

© Shutterstock

Vue aérienne de la célèbre route appelée Transamazonienne, qui coupe l'épaisse forêt de l'Amazonie en deux.

Plusieurs facteurs sont responsables de la destruction des forêts : coupes de bois, constructions, incendies et pollution. Certaines forêts sont également détruites pour en faire des terres agricoles.

Dans certaines régions, les hommes incendient des portions de forêt afin de récupérer les terres pour y pratiquer l'agriculture. Après l'incendie, les sols constituent un terreau extrêmement fertile grâce à leur composition : un mélange de terre, de cendres et de débris végétaux. Sur les zones incendiées accidentellement, l'homme procède parfois au reboisement.

© Shutterstock

Pourquoi est-il dangereux de détruire les forêts ?

D'une part, la destruction massive des forêts occasionne une perte considérable à la biodiversité. D'autre part, elle entraîne un bouleversement important des paysages et des sols, responsables d'inondations et de glissements de terrain.

Le sol des forêts – couvert de mousses et de feuilles –, les plantes et les racines des arbres absorbent l'eau de pluie qui est leur aliment naturel. Lorsque les arbres ont disparu, et avec eux toute la végétation forestière, le sol ne peut retenir l'eau qui s'écoule. Cela provoque parfois, quand les pluies sont abondantes, des torrents de boue et des glissements de terrain très dangereux pour les terres et les habitations voisines. La zone déboisée voit ses sols mis à nu : c'est le début de la désertification.

Est-il possible de gagner des terres sur la mer ?

Oui, en construisant des digues délimitant les terres recouvertes par l'eau avant de les assécher.

Les plus grands travaux d'assèchement ont été réalisés aux Pays-Bas, où les habitants ont ainsi reconquis une immense part de terre sur la mer. Ces terrains – les polders – ont été endigués puis asséchés grâce à un important système de pompage et de drainage des eaux. Situés au-dessous du niveau de la mer, les polders sont des terres très fertiles utilisées pour l'agriculture et l'élevage (bovins, moutons). En France, par exemple, l'aéroport de Nice a été presque entièrement construit sur un terrain gagné sur la mer ; même façon de procéder à Hong Kong, pour y bâtir des immeubles plus hauts que la tour Montparnasse !

© Shutterstock

Hong Kong ne cesse de se développer : on y construit sans cesse de nouveaux gratte-ciel en gagnant du terrain sur la mer.

Quelle est la mer la plus polluée ?

En Europe, c'est la mer Méditerrannée, car elle reçoit le plus grand nombre de déchets toxiques des pays limitrophes.

© Shutterstock

Allemagne, France, Belgique, Pays-Bas, Grande-Bretagne rejettent dans la mer du Nord des effluents industriels et eaux des égouts. Par ailleurs, deux grands fleuves traversant des zones très industrialisées allemandes – le Rhin et l'Elbe – y déversent plusieurs milliers de tonnes de métaux toxiques par an (plomb, cuivre, mercure). De nos jours, la mer la plus polluée est certainement la Méditerranée, qui reçoit encore d'énormes quantités d'eaux usées de certains de ses pays riverains, et les eaux de fleuves pollués comme le Rhône. Elle est cependant l'objet de surveillance et d'amélioration de la part des États riverains, ce qui n'est guère le cas pour les régions des pays de l'Est : la Baltique, la mer Caspienne, la mer Blanche, au fond de laquelle gisent des réacteurs nucléaires des anciens sous-marins soviétiques, et la mer d'Aral sont dramatiquement polluées et négligées ; la mer Noire représente aussi un danger direct pour la Méditerranée, communiquant avec elle.

Qu'est-ce qu'une marée noire ?

On appelle marée noire la couche de pétrole qui recouvre la surface de la mer et le littoral après le naufrage ou le déballastage d'un pétrolier.

© Shutterstock

Les îles Shetland, au large de l'Écosse, ont été ravagées par la marée noire provoquée par le naufrage du pétrolier Braer en 1992.

Les marées noires sont causées accidentellement quand un pétrolier s'échoue en pleine mer ou près des côtes, ou encore lors de l'éruption de puits de pétrole sous-marins. Certaines marées noires sont délibérément causées par les pétroliers qui utilisent la mer pour y vider les gaz et résidus se trouvant dans leurs cuves. Les grandes marées noires (Torrey Canyon, Amoco Cadiz, Braer, Erika, Prestige) sont responsables de la mort de milliers d'animaux marins (poissons, oiseaux marins…) et de la dévastation de la flore sous-marine et littorale. Les écologistes ont toutefois observé que la mer « digérait » relativement vite ces spectaculaires catastrophes. Bien sûr, la faune détruite ne ressuscite pas, mais la flore se reforme sur une durée de quelques mois à dix ans ; nappée de pétrole lors de la guerre du Golfe, la mer Rouge ne porte plus trace de mazout deux ans après. Bien qu'optimiste, cette observation ne donne pas la liberté de traiter la mer comme un entrepôt de recyclage des produits polluants.

Le pétrole peut-il s'épuiser ?

Oui, car avec le charbon, le gaz naturel et l'uranium, le pétrole est une des sources d'énergie les plus utilisées de nos jours. Il faut des millions d'années pour sa formation alors que le rythme de la consommation annuelle ne cesse de s'accélérer, conduisant à l'épuisement inéluctable des gisements.

Le pétrole est une huile minérale d'origine organique composée de plantes et d'animaux morts qui, sous l'action de bactéries, se sont transformés en hydrocarbures. À partir du pétrole, on fabrique des produits dérivés (carburants, combustibles, pétrochimie) extrêmement importants pour le développement et le confort de la vie moderne. Après épuisement des premiers gisements, d'autres ont été recherchés en mer du Nord, Alaska, Antarctique… Leur exploitation demande la mise en place de techniques perfectionnées et très onéreuses. Pour réduire les coûts, on recherche aujourd'hui d'autres sources d'énergies susceptibles de remplacer le pétrole.

© Shutterstock

© Shutterstock

Comment les engrais peuvent-ils être à la fois bénéfiques et dangereux ?

Pour l'agriculture à grande échelle, on utilise principalement des engrais chimiques qui aident à la production... mais à la longue, ils deviennent un poison mortel pour les sols et les eaux souterraines.

Les engrais sont constitués de matières destinées à augmenter la fertilité des sols, apportant un aliment supplémentaire pour les plantes. Les engrais chimiques (nitrates, phosphates...), enrichissant les terres pour une production rapide, deviennent dangereux car leur utilisation massive ne permet pas leur élimination. Absorbés par les sols, ils se mélangent aux eaux d'infiltration qui vont alimenter la nappe phréatique souterraine ; ils sont aussi entraînés par les eaux de pluie vers les rivières qu'ils polluent. Les engrais naturels (fumier, eaux usées, guano) et les engrais biodégradables – provenant de végétaux (haricots, fèves, etc.) – ne constituent, quant à eux, aucune menace écologique.

Les papeteries sont parmi les plus gros pollueurs des côtes et des rivières. On voit ici la conséquence des rejets de la papeterie de Mimizan (Landes).

Par quoi les eaux potables sont-elles le plus polluées ?

L'utilisation d'engrais chimiques et de pesticides pour l'agriculture et le déversement des eaux usées des villes dans les cours d'eau sont les principaux responsables de la pollution de l'eau douce.

Engrais et pesticides non éliminés vont rejoindre les eaux des rivières et les eaux de source souterraines qui constituent les plus importantes réserves d'eau potable. Par ailleurs, plusieurs municipalités ne procèdent pas au retraitement de leurs eaux usées qui sont rejetées – de même que les déchets chimiques de certaines usines – directement dans les fleuves et les rivières. Ces actions constituent les facteurs les plus graves de la pollution de l'eau douce.

Quels sont les polluants les plus dangereux ?

© Fotolia

Ce sont principalement ceux produits par les industries chimiques, les centrales thermiques qui fabriquent l'électricité par la combustion du charbon, et ceux issus des hydrocarbures contenus dans le pétrole.

Les usines chimiques rejettent des gaz très polluants, dérivés d'acides toxiques ; ils ont notamment la particularité de réchauffer l'atmosphère en créant un déséquilibre thermique qui est la cause de graves modifications climatiques. Par ailleurs, en dégageant par combustion des gaz toxiques – tels que les oxydes de soufre, de plomb et d'azote –, usines et centrales thermiques sont responsables des pluies acides qui ont détruit bon nombre de forêts d'Europe du Nord et du Canada. La pollution des eaux par le mercure est également un facteur redoutable, entraînant de très graves maladies (cancers, malformations congénitales…) transmises à l'homme par les poissons qu'il consomme. La pollution des villes, essentiellement produite par la combustion d'hydrocarbures, est quant à elle responsable du développement de maladies respiratoires de plus en plus fréquentes et importantes.

Que faire des déchets toxiques ?

Le transport des produits radioactifs se fait dans des conditions de sécurité draconiennes. On voit ici des fûts de matériaux radioactifs retraités à l'usine de la Hague, chargés sur le bateau Akatsu Maru en route pour le Japon.

Il est très difficile de se débarrasser des déchets industriels dont le volume est par ailleurs de plus en plus important. Il faut traiter, ou recycler, une grande partie d'entre eux. Quant aux déchets radioactifs, ils doivent être enfouis en sous-sol dans des conteneurs étanches après leur traitement.

Du fait du danger représenté par leur toxicité, les déchets industriels ne peuvent être simplement jetés dans des décharges ou enterrés – bien que les entreprises de certains pays n'hésitent pas à le faire, au détriment de la vie et de l'équilibre naturel. Ces déchets doivent donc être traités dans des usines spéciales, grâce à des procédés sophistiqués et coûteux, afin de modifier leur substance. Une fois traités, ces déchets peuvent alors être éliminés ou recyclés, comme c'est le cas notamment des matières plastiques ou des pneumatiques. À la Hague, près de Cherbourg, la France possède la plus grande et la plus perfectionnée des usines de retraitement des matières radioactives du monde. On y traite les déchets de nombreux pays, dont ceux de l'Allemagne et du Japon. Ce dernier dispose maintenant de sa propre usine de retraitement, la plus moderne au monde.

Une centrale nucléaire est-elle polluante ?

Une centrale nucléaire présente un danger potentiel compte tenu de la radioactivité des produits qu'elle traite. Par ailleurs, elle n'est pas polluante puisqu'elle ne dégage aucun gaz toxique dans l'atmosphère.

© Fotolia

La construction, la surveillance, la maintenance des centrales nucléaires répondent à des règles de sécurité très strictes ; elles doivent être appliquées sans relâche à l'intérieur et autour des centrales, pour éviter tout incident. C'est une gestion rigoureuse qui touche également le stockage des substances radioactives, leur transport et, bien sûr, la manipulation par l'homme de ces substances. Les fumées que l'on voit s'élever au-dessus des centrales ne contiennent pas de substances radioactives ou toxiques : il s'agit de vapeur d'eau consécutive au refroidissement des réacteurs.

© Shutterstock

Tchernobyl, la centrale nucléaire de l'ex-Union soviétique dont l'explosion partielle en 1986 a provoqué la plus grande pollution radioactive jamais connue.

Que s'est-il passé à Tchernobyl ?

C'est précisément une incroyable imprudence humaine, causée par l'un des responsables de la centrale, qui est à l'origine de l'explosion et de l'incendie d'une partie de la centrale nucléaire ukrainienne de Tchernobyl, entraînant une pollution radioactive qui a touché plusieurs pays d'Europe.

Certes, cette centrale de l'ex-URSS souffrait de défauts dans sa construction et de vétusté, mais c'est bien la mise hors service volontaire des systèmes de sécurité de l'un des réacteurs de la centrale lors d'un test, qui a causé, en 1986, la plus grande catastrophe nucléaire jamais produite. Après cet accident, un immense nuage de poussières radioactives s'est déplacé en direction du nord-ouest, au-dessus de l'Europe. Ces gaz ont entraîné la contamination des végétaux et des animaux qui les ont consommés. Il a fallu procéder à l'abattage de certains d'entre eux et jeter quantité de fruits et légumes, afin qu'ils ne contaminent pas l'homme à leur tour. Des troupeaux entiers de rennes furent ainsi abattus dans les pays scandinaves.

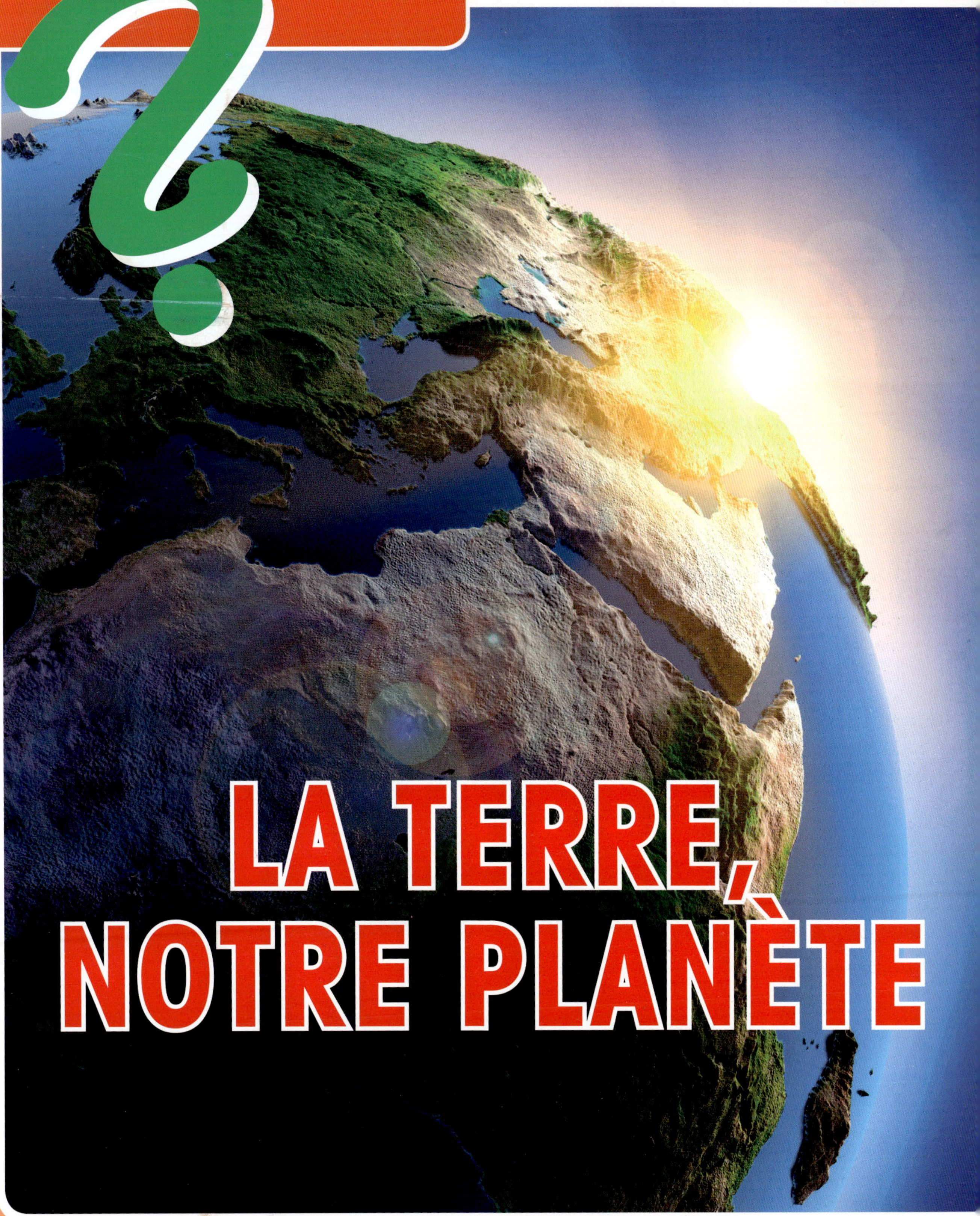

LA TERRE, NOTRE PLANÈTE

À quoi la Terre ressemblait-elle à ses débuts ?

Juste après sa formation, la Terre était sans cesse bombardée de météorites ; elle devait donc avoir une surface toute bosselée, un peu comme celle de la Lune. Mais, peu à peu, les pluies sont venues adoucir ce relief en érodant les cratères formés par les météorites.

Avant de devenir une planète, la Terre ressemblait à un grand tourbillon de poussières et de petites roches. Puis, ses matières libres se sont agglomérées en une boule de roche en fusion. Lorsque la Terre a commencé de refroidir, seul le centre est resté liquide. L'écorce est devenue dure, rocheuse. Au début, la Terre était sèche ; il n'y avait ni océans ni rivières. Mais comme les roches de la planète bénéficiaient d'une composition gazeuse exceptionnelle, une atmosphère primitive a bientôt pu se former tout autour du globe. Ce mélange gazeux était riche en vapeur d'eau. Cette eau se condensa, créant des pluies torrentielles. Les premiers océans se formèrent dans les parties les plus basses de l'écorce terrestre. Une partie de l'eau pénétra dans le sol, d'où elle rejaillit plus tard sous forme de sources. Par ailleurs, le Soleil activant le processus évaporation-pluie, le cycle de l'eau put démarrer. Les premiers fleuves purent se former. Ce processus demanda des millions d'années.

Comment un fossile se forme-t-il ?

Une plante ou un animal mort il y a des millions d'années se retrouvent ensevelis dans le sol. Au cours des millénaires, ils se transforment en pierre.

Pour qu'il se fossilise, il faut que l'animal mort soit enfoui dans la vase ou le sable très rapidement, avant qu'il ne se décompose. Dans la vase du fond des mers, cela se fait facilement. C'est pourquoi les fonds sous-marins sont si riches en fossiles. On en trouve aussi beaucoup près des volcans, car la lave en fusion se charge en un seul instant de pétrifier l'animal. Peu à peu, l'animal ou la plante se transforme en minéraux. Des animaux, on ne retrouve que le squelette, les cornes, les coquilles, les carapaces, les écailles… Les végétaux se transforment en charbon. La résine devient de l'ambre, les arbres de la silice. Mais il arrive que l'on découvre des antennes d'insectes ou des étamines de fleurs entières ! Parfois, on ne retrouve que des empreintes de plantes, de squelettes, mais aussi de pattes d'animaux passés sur le site des millénaires auparavant. Les premiers fossiles de dinosaures ont été découverts au XIXe siècle : des squelettes intacts d'animaux géants ont été déterrés à cette époque.

© Fotolia

Quelle dimension la Terre a-t-elle aujourd'hui ?

Notre planète mesure 12 800 km de diamètre et 40 000 km de circonférence. De l'équateur au centre de la Terre, il y a 6 378 km.

Plus précisément, son diamètre à l'équateur est de 12 756 km. Si le diamètre polaire est légèrement inférieur (12 713 km), c'est parce que la Terre est aplatie aux pôles sous l'effet de la pesanteur et de la rotation. La hauteur des montagnes (8,844 km pour la plus haute) et la profondeur des mers (11 km au plus profond) modifient très peu ces dimensions. La Terre est dix fois plus volumineuse que Mercure, qui est la plus petite planète du Système solaire. Au-delà de l'orbite de Neptune, au moins 1 500 objets transneptuniens ont déjà été identifiés dans la Ceinture de Kuiper. Une quinzaine d'astres sont de gros objets ; leur diamètre varie de 500 à 2 500 km. Quatre, dont Pluton, sont considérés comme des plutoïdes, c'est-à-dire des planètes naines transneptuniennes. Enfin, Jupiter est la plus imposante de toutes les planètes du Système solaire. Son diamètre, 142 984 km, est 11 fois plus grand que celui de la Terre et l'on pourrait mettre à l'intérieur 1 300 planètes comme la nôtre ! Elle est plus massive que toutes les planètes réunies ! D'autres planètes, dans d'autres galaxies, sont sans doute plus petites, ou plus grandes, que la Terre. On en connait déjà plus de 1 850 !

Y a-t-il des cratères sur la Terre ?

© Fotolia

Un cratère de météorite en Arizona (États-Unis)

Les météorites qui tombent sur la Terre provoquent des cratères plus ou moins larges. Ils ressemblent à ceux que l'on peut voir partout sur la Lune.

Découvert en 1891, le plus grand cratère provoqué par la chute d'une météorite se trouve en Arizona. On estime qu'elle serait probablement tombée il y a 50 000 ans. Il a fallu une météorite d'au moins 300 000 tonnes et de 48 à 50 m de diamètre pour creuser un tel trou : 1 200 m de diamètre et 180 m de profondeur ! Les Américains l'ont appelé le Meteor Crater. Ce genre de phénomène n'est pas rare car les météorites sont en général bien plus petites. Les grosses météorites ne se désintègrent pas en traversant l'atmosphère, mais il arrive parfois qu'elles y explosent. De plus ou moins gros fragments retombent alors sur la Terre. En 1803, on a ramassé près de 3 000 morceaux tombés en pluie à L'Aigle (dans l'Orne). Le plus gros fragment pesait 9 kg. Ce n'est pas très gros comparé à celui de 1,7 tonne tombé en Sibérie le 12 février 1947, parmi les 23 tonnes de débris ayant atteint le sol à la suite de la désintégration d'un objet de 100 tonnes.

Qu'y a-t-il à l'intérieur de la Terre ?

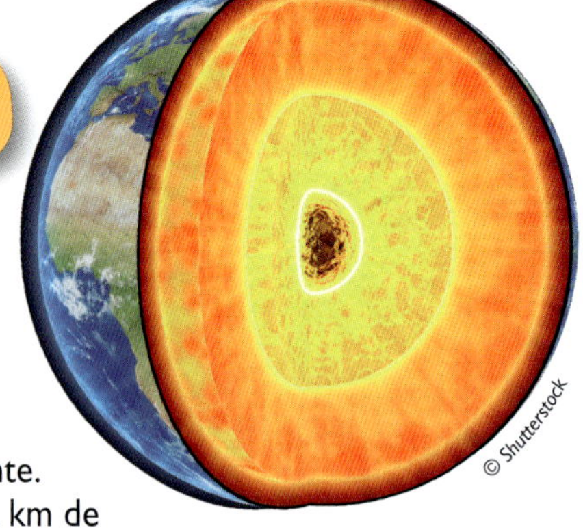

Le cœur de la Terre est un énorme noyau en fusion à 5 000 ou 5 100°C. Il est enrobé d'une épaisseur de 2 900 km de lave visqueuse qu'on appelle le manteau. La croûte terrestre dure qui le recouvre est très fine.

La surface rocheuse de la Terre est froide, mais plus l'on s'enfonce vers le centre et plus la matière est chaude. À 8 km de la surface, elle est déjà brûlante. Il est impossible de creuser à plus de 12 km de profondeur. Un tel forage a été fait en Sibérie. Il n'atteignait ainsi que le milieu de la croûte terrestre. Cependant, en étudiant les vibrations sismiques qui traversent la Terre, les sismologues ont pu calculer la densité des différents composants terrestres. La Terre est constituée de plusieurs couches : la croûte en surface, puis le manteau externe, et enfin le noyau interne, au centre. La croûte des océans, plus jeune, mesure jusqu'à 10 km d'épaisseur ; celle des continents 70 km. Le manteau va jusqu'à 2 900 km de profondeur. Le noyau est constitué de fer et de nickel ; la température y est si élevée que ces matériaux sont liquides. Le cœur de la Terre est divisé en un noyau externe de métal liquide et un noyau interne dont le caractère solide est dû à la très forte pression. C'est la rotation du noyau interne qui est responsable du champ magnétique.

Pourquoi les continents bougent-ils ?

La croûte terrestre est divisée en 14 grandes plaques qui se déplacent toutes les unes par rapport aux autres. C'est sur elles que reposent mers et continents. Toutes ces plaques de roche dure flottent sur de la lave en fusion – ou magma – du manteau inférieur. Cette partie du manteau est brassée par des courants. Cette convection gigantesque entraîne le déplacement horizontal des plaques de la lithosphère.

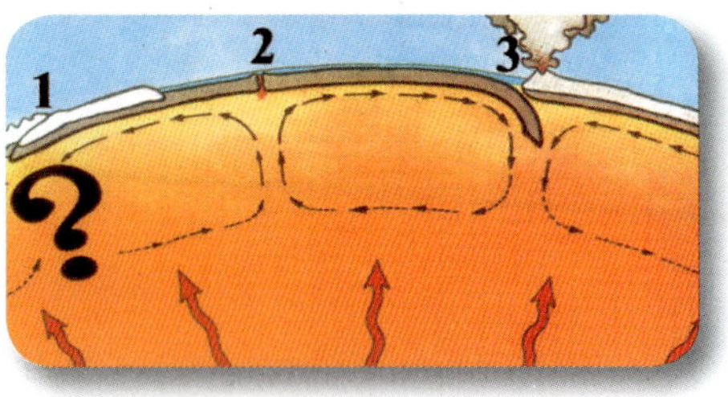

Sous l'influence de la chaleur interne, des courants se créent dans le manteau. La croûte solide, morcelée en plaques, est entraînée par ces courants.
1 : création de montagnes à la rencontre de deux plaques continentales (on ignore ce que deviennent les courants de convection descendants).
2 : apparition de volcans sous-marins dans la zone d'écartement de plaques.
3 : apparition de volcans lorsqu'une plaque plus dense s'enfonce sous une autre plus légère.

Dans les zones de divergence, les plaques s'écartent et les continents s'éloignent. Dans les zones de convergence, elles se heurtent de front. L'une plonge alors dans le magma, formant les grandes fosses océaniques. L'autre se soulève, créant montagnes et volcans. Ce phénomène est appelé « tectonique des plaques ». Un bel exemple est celui de la plaque du Pacifique Est, qui s'enfonce sous le Japon, créant le long des côtes un profond fossé et faisant surgir montagnes et volcans sur le continent. En d'autres endroits, des plaques glissent l'une contre l'autre, comme celle du Pacifique Nord contre la plaque américaine, provoquant d'importants tremblements de terre en Californie.

Qu'est-ce qui fait s'élever les montagnes ?

© Fotolia

Lorsque deux plaques terrestres se heurtent, le choc est si violent que les couches rocheuses prises entre elles se plissent et s'élèvent. Certaines montagnes, maintenant très érodées, datent de plus d'un milliard d'années. Les montagnes les plus jeunes datent de 50 à 100 millions d'années. Une chaîne de montagnes se forme toujours en plusieurs dizaines de millions d'années.

Le relief de la Terre d'aujourd'hui est le résultat de millions d'années de chocs des plaques les unes contre les autres et de plissements de la croûte terrestre. Les Alpes résultent du conflit entre la plaque tectonique eurasienne, la microplaque adriatique et la plaque africaine. Au nord, cette dernière atteint le sud de l'Italie actuelle ; elle a poussé la microplaque adriatique. Ce conflit a débuté au crétacé, mais le soulèvement à l'origine des Alpes a débuté à l'oligocène, il y a seulement 33 millions d'années. Ce sont des montagnes jeunes, qui grandissent encore de plusieurs millimètres par an, sous la poussée de la plaque africaine. L'Himalaya résulte du contact entre la plaque tectonique supportant l'Inde avec la plaque eurasienne il y a 80 millions d'années. La plaque indienne s'est encastrée sous l'immense plaque eurasienne. Le choc, brutal, a conduit à un très fort soulèvement des terrains de part et d'autre de la zone de collision entre -80 et -50 millions d'années. Il en a résulté une haute chaîne de montagnes, l'Himalaya. Les montagnes les plus pointues sont les plus jeunes. Le gel, la pluie et le vent les usent et arrondissent leurs formes. Continuant toujours très lentement de le faire, l'Himalaya s'élève donc encore aujourd'hui. Si les montagnes sont pointues, c'est qu'elles sont sculptées par le gel, la pluie et le vent, qui les usent en forme de pointes.

© Fotolia

Pourquoi y a-t-il des fossiles de poissons au sommet de l'Himalaya ?

Les roches qui se sont plissées pour former l'Himalaya sont constituées de plusieurs couches. L'une de ces couches vient de la mer qui séparait la plaque asiatique de l'indienne.

Toutes les montagnes sont formées de couches de différentes natures : roches sédimentaires, métamorphiques et magmatiques. L'argile, la craie, le charbon, les roses des sables sont des roches sédimentaires. Il s'agit d'une accumulation de débris (et de fossiles d'animaux marins) qui s'est formée au fond de la mer puis s'est transformée en minéral. Les roches sédimentaires ne gardent pas seulement la trace des animaux et des plantes fossilisés qui y ont vécu. Elles conservent aussi le dessin des mouvements de la mer où elles se sont formées. Il arrive que les couches soient plissées, provenant des mouvements des montagnes qui grandissent lorsque les plaques se heurtent.

Comment les volcans naissent-ils ?

© Shutterstock

Les volcans surgissent là où les plaques s'écartent, se heurtent ou frottent l'une contre l'autre.

Lorsque les plaques se heurtent, il se produit des fissures, les roches fondues sous la croûte sortent à la surface sous forme de magma. C'est la première éruption. Lorsqu'il s'agit de deux plaques océaniques, il se forme des îles volcaniques. Si l'une des plaques est continentale, celle océanique plonge sous la côte et les volcans apparaissent sur terre. Ils sont souvent alignés en chaîne, comme la cordillère des Andes. L'endroit où les plaques se rencontrent est appelé marge destructive. Entre deux plaques qui s'écartent – zone appelée marge constructive –, il sort du magma provenant du manteau. C'est là que se forment le plus de volcans marins. L'Islande est un pays situé juste sur une marge constructive. La forme du volcan dépendra ensuite de ses éruptions, de la façon dont la lave en sortira et se solidifiera sur ses parois. Il surgit encore des volcans de nos jours. Ainsi, au Japon, un volcan est soudain apparu en plein centre d'un village, le soulevant de 100 mètres !

En France, les volcans peuvent-ils se réveiller ?

© Shutterstock

La chaîne des Puys est constituée de volcans que les hommes qui ont peint la grotte de Lascaux ont vus en éruption. Il n'est pas impossible que certains se réveillent un jour.

C'est peu probable, mais il est possible qu'un volcan français entre en éruption dans les décennies à venir. On ne peut jamais affirmer qu'un volcan est éteint. Il est seulement endormi.

Les volcans du Massif central dorment depuis relativement peu de temps ; quelques milliers d'années tout de même. Ils ne produisent que des sources chaudes et quelques émanations de gaz. Le fond de leurs cheminées reste toujours en contact avec le magma. Un volcan peut sommeiller ainsi des milliers d'années puis se réveiller brusquement. Sa violence est d'autant plus redoutable qu'il est resté longtemps éteint. Le magma brûlant et visqueux qui se trouve sous la terre remonte alors le long de la cheminée du volcan. Il reste un certain temps à l'intérieur. Quand le volcan est rempli de ce mélange de roche fondue, les gaz font exploser le dessus du volcan. Ce dernier crache de la cendre brûlante et des morceaux de matière qu'on appelle des bombes, plus rarement des rochers. La lave s'écoule ensuite le long des flancs et peut faire des ravages à des kilomètres à la ronde. En haut du volcan se forme un cratère qui atteint parfois 100 km de diamètre.

Quelles furent les plus violentes explosions volcaniques ?

© Fotolia

Une éruption volcanique est toujours un spectacle inoubliable, mais c'est de nuit qu'elle est la plus féerique, comme ici à Stromboli.

L'éruption du Santorin au milieu de la Méditerranée, il y a 3 600 ans, a provoqué un tel raz-de-marée qu'il a détruit les côtes à des centaines de kilomètres et fait disparaître la civilisation minoenne.

La plus célèbre des éruptions demeure celle du Vésuve (Italie), survenue en l'an 79. La ville romaine de Pompéi, notamment, a été totalement détruite. Deux mille personnes sont mortes brûlées par les cendres et les gaz. On a retrouvé leurs corps pétrifiés. Il y a des éruptions plus récentes. En 1980, le mont Saint Helens a dévasté aux États-Unis 600 km de forêts. En 1991, le Pinatubo (Philippines), inactif depuis 600 ans, s'est réveillé dans une énorme explosion. Et c'est en étudiant l'éruption du volcan Unzen au Japon, en 1991, que les célèbres volcanologues français Maurice et Katia Krafft trouvèrent la mort. La Terre compte environ 550 volcans potentiellement actifs, qui peuvent à tout moment entrer en éruption ; on observe en moyenne 60 à 70 volcans en activité chaque année, sans compter les volcans bordant les dorsales océaniques.

Que peut-on observer lors d'une éruption ?

© Shutterstock

D'abord, on entend un bruit énorme, fait de sifflements et de grondements. Puis un jet couleur de feu s'élève du cratère et la lave s'écoule sur les flancs, vers la vallée.

Le bruit du volcan dépend beaucoup de la densité de la lave. Plus elle est dure, plus le bruit est fort… et moins l'éruption est dangereuse. En effet, seule la lave liquide peut s'étendre vite et loin. Cependant, s'il y a des explosions, l'éruption devient redoutable. Le volcan projette au loin des bombes de lave incandescente. Les cendres, légères, sont emmenées par les vents. L'éruption peut durer de quelques minutes… à plusieurs années. Le volcan se calme ensuite pour longtemps, voire quelques siècles. D'autres volcans grondent durant des milliers d'années, comme le Stromboli, en Italie, qui crache des jets de lave tous les jours depuis plus de 2 500 ans. Au contact de l'air, la lave se refroidit et se solidifie. L'aspect de la roche dépend de la vitesse de refroidissement. Si elle est rapide, il se formera des aiguilles, des dômes. Sinon, la lave peut s'étaler sur des kilomètres. Le nouveau paysage ainsi créé peut être tout à fait étonnant, comme la Chaussée des Géants en Irlande du Nord. C'est un paysage fascinant de colonnes en forme de prisme, disposées en escaliers.

Peut-on prévoir un tremblement de terre ?

Certains appareils sophistiqués, appelés sismographes, peuvent surveiller les mouvements sous la surface de la Terre. Ainsi, on est capable de savoir à l'avance qu'un séisme va se déclencher et faire évacuer les habitants.

© Shutterstock

Le sismographe permet de surveiller les mouvements de l'écorce terrestre, et donc de prévenir les tremblements de terre.

Au IIe siècle, les Chinois avaient déjà inventé une drôle de machine pour prédire les séismes. Il s'agissait d'un gros vase dans lequel un lourd pendule était relié à des têtes de dragon. Dans chacune de leurs gueules était posée une bille. En dessous, des grenouilles en métal ouvraient la bouche. On connaissait la direction du séisme selon la grenouille qui avait réceptionné une bille. Les sismographes modernes captent les ondes terrestres. Elles sont de deux natures : les ondes « de volume » (ondes S et P) proviennent de l'autre côté de la Terre, et les ondes « de surface » se propagent comme des vagues dans la croûte. Un tremblement de terre est une onde de choc. Le signe avant-coureur d'un séisme est l'émission d'ondes primaires, les ondes de volume P. Cependant, la meilleure façon d'éviter les tremblements de terre est de ne pas habiter une région sismique : tout le pourtour du Pacifique mais aussi de la Méditerranée, les îles Hawaï, Samoa, Açores, la Réunion et l'Islande.
Les habitants de ces régions construisent des maisons très solides, capables de résister à de telles secousses. Il faut une structure d'acier dont les fondations sont prises dans de la roche.

Pourquoi un tremblement de terre est-il dangereux ?

Parce que, en quelques minutes, il peut non seulement faire s'écrouler les habitations, mais aussi des montagnes ! Il peut aussi provoquer des incendies et ouvrir d'énormes crevasses dans le sol.

© Fotolia

Tout est calme. Soudain, le sol se met à vibrer sous l'effet des ondes sismiques. Les meubles bougent et tous les objets basculent. Les vitres se brisent et les cheminées s'écroulent. Des incendies se déclarent un peu partout. Pour parachever le tout, les canalisations d'eau se rompent, empêchant ainsi de lutter contre le feu. L'échelle de Richter sert à mesurer l'intensité d'un séisme. À force 4, les objets suspendus et posés oscillent. À force 6, les vitres explosent. À force 9, le bitume des routes se fend et à force 10, les ponts s'effondrent, tout est détruit. Les séismes sont, heureusement, le plus souvent légers. Certains sont à peine perceptibles et seuls des appareils très sensibles, les sismographes, peuvent les enregistrer. Les autres séismes donnent l'étrange impression que le sol tangue.

Pourquoi pleut-il sur la Terre ?

Il pleut lorsque les gouttelettes en suspension dans les nuages deviennent trop lourdes pour y demeurer et tombent sur la terre.

Les nuages sont constitués de milliards de gouttelettes d'eau et de petits cristaux de glace, qui se forment autour de minuscules grains de poussière. Lorsque l'air chaud monte et refroidit, le nuage enfle, les gouttelettes s'entrechoquent et grossissent. Lorsque ces dernières atteignent cent fois leur taille initiale, elles deviennent trop lourdes et tombent. Ce phénomène, appelé de convection, est dû à l'air chaud qui monte car il est plus léger que les masses d'air froid. En haut, il refroidit rapidement, transformant la vapeur d'eau des nuages en gouttes de pluie. Le nuage peut également générer de la pluie en passant par-dessus une montagne, car l'air est soulevé. On appelle ce processus le soulèvement orographique. La force de la pluie dépend de l'aspect des nuages. Pour prévoir les précipitations à venir, il suffit de savoir les reconnaître : les cumulo-nimbus déclenchent de grosses averses ; les stratus donnent du crachin, froid et désagréable, qui peut durer toute la journée.

© Fotolia

Qu'est-ce qu'un arc-en-ciel ?

Après la pluie, les gouttes d'eau en suspension dans l'air décomposent la lumière blanche, ou lumière naturelle du Soleil, en six couleurs principales : rouge, orange, jaune, vert, bleu et violet. Ces couleurs apparaissent dans le ciel, alignées en forme d'arche, à l'opposé du Soleil, mais seulement lorsque ce dernier est bas sur l'horizon.

La lumière du Soleil est blanche, c'est-à-dire qu'elle contient toutes les couleurs qui sont caractérisées par leur longueur d'onde. Les gouttes d'eau agissent comme un prisme. Elles dispersent la lumière en toutes les longueurs d'onde, du rouge au violet. Très rarement, on peut voir deux arcs-en-ciel – voire même trois – en même temps. Ils se chevauchent et leurs couleurs sont inversées. Cela arrive quand les gouttes offrent une double ou une triple réflexion. L'arc-en-ciel peut servir à prévoir le temps à brève échéance dans nos régions océaniques. Ainsi, s'il survient le soir, c'est que la pluie vient de l'ouest et donc qu'elle prend fin. Mais s'il apparaît au matin, l'averse n'est pas loin. La réflexion et la réfraction des rayons lumineux dans les gouttelettes ainsi que les cristaux composant l'eau de l'atmosphère produisent d'autres phénomènes. On peut ainsi parfois observer des halos autour de la Lune ou du Soleil, et des parhélies qui font apparaître un faux soleil.

© Shutterstock

L'arc-en-ciel est un arc lumineux coloré parfois visible dans le ciel après une averse. Il est composé de six couleurs et non de sept comme on l'a longtemps affirmé.

© Fotolia

Quel est le nom du plus grand océan du monde ?

La Terre est recouverte à 70 % d'eau. L'océan Pacifique, avec ses 165 millions de km^2, en contient à lui seul la moitié.

Le Pacifique est aussi plus grand que toutes les terres réunies. On peut le considérer comme le reste du premier océan de la Terre, Mirovia, qui, il y a 1 milliard d'années, entourait Rodinia, l'unique continent primitif, ou, il y a 245 millions d'années, de Panthalassa, l'océan qui entourait le dernier continent unique, la Pangée. Le Pacifique est donc le témoin du premier océan qui ait existé. L'Atlantique a été créé plus tard, lorsque les continents se sont écartés lors de la dislocation de la Pangée ; il ne mesure que 106 millions de Km^2. L'océan Indien est encore plus petit, avec ses 74 millions de Km^2. Ils ont des noms différents en fonction d'un découpage limité par les continents, mais ils forment en fait un seul plan d'eau immense tout autour de la Terre. On distingue les océans des mers car ils séparent les continents, alors que les mers y sont le plus souvent incluses. La mer Méditerranée était un océan autrefois, Téthys, comme le prouve sa grande profondeur. Les océans sont surtout répartis dans l'hémisphère Sud, où ils occupent 90 % de la place. On explique cette disparité par le déplacement des plaques. L'océan Pacifique est non seulement le plus vaste, mais aussi le plus profond. Il recèle de nombreuses fosses sous-marines, profondes de plus de 10 kilomètres !

Quelle est la profondeur de la mer ?

Les mers et les océans atteignent des profondeurs diverses. La moyenne est de 3,5 km. L'endroit sous-marin le plus profond est à 11 032 mètres !

À 1800 m de profondeur, quand une plaque océanique plonge sous un continent, on voit apparaître des fumeurs, sortes de cheminées qui rejettent de l'eau sous pression chauffée par le magma à 280 °C pour les fumeurs blancs – comme ici, au large des Tonga – et à 340 °C pour les fumeurs noirs.

Il se situe dans l'océan Pacifique, vers les îles Mariannes, et abrite une faune unique. Les creux des mers ont un peu la forme de cuvettes, dont les bords sont en pente raide : ils atteignent rapidement une grande profondeur. Mais assez vite, le fond devient plat et demeure à peu près à la même profondeur jusqu'à l'autre côte. Le relief sous-marin ressemblerait un peu à celui de la terre s'il était émergé. Il est composé de montagnes, de volcans et de grandes fosses de 5 à 10 km de profondeur appelées des abysses. La lumière du soleil est très vite arrêtée par l'eau : à partir de 100 m de profondeur, il fait déjà noir. La pression augmente aussi très rapidement ; on a longtemps cru que la vie n'était pas possible à cause d'elle. Depuis l'invention du bathyscaphe – une embarcation sous-marine dont les parois résistent aux fortes pressions –, on sait qu'une espèce de crabe vit dans les grands fonds et qu'il se nourrit des déchets des animaux qui tombent depuis la surface. Le sonar permet de mesurer la profondeur d'un fond sous-marin. L'appareil envoie un son et le temps que met l'écho de ce son à revenir indique la profondeur.

Les océans sont-ils immobiles ?

Les vents provoquent des vagues et des courants à la surface. Dans les profondeurs, ce sont les différences de température et de salinité qui créent le mouvement de l'eau.

Tous ces facteurs rendent les courants océaniques très complexes. Ceux-ci tournent dans le sens des aiguilles d'une montre dans l'hémisphère Nord, et dans le sens inverse dans l'hémisphère Sud. Ce mouvement existe grâce à la chaleur du Soleil qui pénètre profondément dans la mer, et à la rotation de la Terre. L'eau conserve longtemps la chaleur. Les courants froids rafraîchissent les côtes chaudes et les courants chauds réchauffent les côtes près des pôles. Ce phénomène régule les températures et il empêche certaines côtes de geler. Les courants froids permettent la vie dans les océans, notamment celle du plancton. Mais certains courants chauds bloquent l'arrivée de courants froids, chargés de nourriture, et font le désespoir de nombreux animaux.

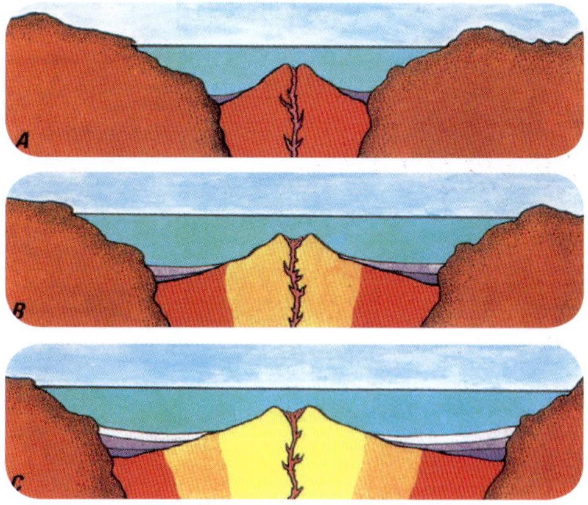

Un océan naît lorsqu'un continent se fracture.
A : *les premières laves surgissent, les côtes commencent à se séparer.*
B et C : *les nouvelles laves poussent les plus anciennes, les côtes s'éloignent et l'océan s'agrandit.*

Que se passerait-il si toutes les glaces des pôles fondaient ?

© Fotolia

L'eau des glaces fondues irait rejoindre celle des océans. Le niveau de la mer s'élèverait partout d'une centaine de mètres.

Dix pour cent des terres de notre planète sont recouvertes de glace. Il s'agit des calottes glaciaires : l'Antarctique et le Groenland. Ces glaciers font, par endroits, jusqu'à 4 000 mètres d'épaisseur. Ils sont si lourds que le continent de l'Antarctique se trouve sous le niveau de la mer ! Sous leur propre poids, ces glaciers s'étalent en fondant légèrement et glissent lentement sur l'eau qu'ils produisent. Puis ils se cassent et des icebergs partent à la dérive. Cette fonte reste modérée et ne menace pas le niveau des mers. Cependant, nous sommes dans une période de réchauffement de la planète. D'ici quelques décennies, les glaces des pôles pourraient fondre en partie. Les côtes de la Terre entière seraient inondées et des villes situées près des littoraux seraient englouties sous les eaux. Mais la plupart des terres resteraient émergées. À l'inverse, lors des périodes glaciaires, l'eau des mers gèle. Son niveau baisse jusqu'à 100 mètres. Ainsi, il y a 10 000 ans, durant la dernière glaciation, la France et l'Angleterre étaient réunies, et la Manche n'existait pas.

Pourquoi les océans et les mers sont-ils salés ?

Le sel des mers provient en fait des roches. Il s'y est accumulé au fil des temps géologiques. Depuis des millions d'années, les fleuves véhiculent aussi des sels minéraux vers les océans, mais pas en quantité suffisante pour qu'ils paraissent salés.

© Shutterstock

Voilà donc pourquoi les rivières et les fleuves sont constitués d'eau douce. Le sel qu'ils transportent ne fait que passer dans leur eau, alors qu'il s'accumule dans celle de la mer. Pour notre consommation, ce sel est récupéré dans des marais salants. Celui que nous consommons, le sel de mer, ou chlorure de sodium, est une molécule constituée d'un atome de sodium et d'un atome de chlore. C'est un sel très soluble dans l'eau. Il constitue environ 3 % de la masse de l'eau de mer. Plus l'eau est salée, plus elle est dense. L'eau de surface, moins salée, se mélange difficilement avec celle des fonds. L'eau de mer ne contient pas que du sel, c'est-à-dire du chlorure de sodium. Elle contient aussi, en moindres proportions, d'autres sels, tels que des carbonates et des sulfates de sodium, de potassium, de magnésium et de calcium, ainsi que de nombreux sels métalliques en très faibles proportions.

Pourquoi y a-t-il des plages ?

© Fotolia

La mer, dans son incessant mouvement de flux et de reflux, use les roches des côtes qu'elle transforme en galets, puis en gravier et enfin en sable. Les plages ne servent pas seulement à bronzer et à faire des châteaux de sable. Elles sont aussi l'habitat d'une multitude d'animaux et de plantes.

La force des vagues est concentrée sur les rivages. À long terme, elle érode les côtes et les réduit en sable. La forme de la plage dépend de la roche côtière. Plus elle est dure, plus la mer mettra de temps à l'éroder. Une côte est toujours constituée de plusieurs roches différentes. Les plus tendres s'usent en premier. Il reste des avancées de roche plus dure dans la mer. C'est ainsi que, le long de la côte normande par exemple, la falaise est découpée en petites criques où se trouvent les plages. La roche la plus tendre a été transformée en galets, qui restent sur les plages. À leur tour, les galets et le sable contribuent, mêlés à l'eau, à user plus rapidement les côtes. Lorsqu'il se forme un promontoire, les vagues viennent le lécher des deux côtés. Peu à peu, il s'use lui aussi et il peut devenir un pic dans l'eau, ou encore une arche. C'est le cas de la fameuse falaise d'Étretat, en Normandie. Les plages ne sont pas fixes. Elles se déplacent lentement, à droite ou à gauche, car les vagues ne frappent jamais de face mais toujours en biais. C'est pourquoi on construit des digues de béton pour maintenir les plages.

Comment les vagues naissent-elles ?

La pression du vent s'exerçant à la surface de l'eau provoque des creux et des bosses plus ou moins importants : ce sont les vagues.

© Shutterstock

Lorsqu'elles arrivent sur les côtes, les vagues forment des gros rouleaux sur les grandes plages à fond plat, ou éclatent sur les rochers des rivages accidentés.

C'est la force du vent qui rend les vagues plus ou moins hautes. Lorsqu'elle est très faible, les vagues sont rondes et plissent la surface de l'eau. Quand le vent est plus fort, l'eau monte et forme des vagues hautes et bombées, avec des sommets et des creux plus importants. C'est la houle. Plus le vent souffle fort et longtemps, plus les vagues s'agitent et grossissent. L'écume est créée par l'air qui s'échappe lorsque les vagues se referment. On dit que les vagues sont déferlantes quand elles roulent, frangées d'écume. Elles déferlent en arrivant sur le rivage car elles frottent le fond de la mer. Les vagues n'avancent pas, elles ne font que monter et descendre. En haute mer, lors de fortes tempêtes, le creux des vagues peut dépasser 30 mètres de haut !

Qu'est-ce qu'un raz-de-marée ?

© Fotolia

C'est une vague d'une puissance redoutable qui s'abat sur une côte. Elle est provoquée par un tremblement de terre ou l'éruption d'un volcan au fond de la mer.

Le séisme qui cause un raz-de-marée – appelé aussi tsunami – peut être très éloigné du lieu où la vague se produit : un tremblement de terre australien peut provoquer, en quelques heures, un raz-de-marée sur les côtes de l'Alaska. C'est une onde de choc, se déplaçant sous la surface à quelque 1 000 km/h, qui génère le tsunami. La vitesse à laquelle celui-ci se propage peut atteindre 750 km/h. Un raz-de-marée détruit souvent la totalité des constructions situées sur la côte. Les bateaux ont intérêt à se trouver au large lorsqu'il se produit. En effet, les vagues, imperceptibles au large, peuvent atteindre 30, 40, voire même 50 mètres de hauteur près des côtes, et parfois davantage. Et le pire, c'est que l'on ne peut pas les prévoir… La plupart des raz-de-marée se produisent dans le Pacifique. Le Japon, cerné de volcans sous-marins, en est souvent victime.

Comment un fleuve se forme-t-il ?

© Fotolia

Lorsqu'il pleut, l'eau ruisselle sur la terre. Elle creuse des ruisseaux qui deviennent des rivières, puis des fleuves. Ces cours d'eau innombrables ramènent l'eau à la mer.

L'eau de pluie pénètre dans la terre, alimentant ainsi les sources souterraines. Ces sources jaillissent ensuite pour former les cours d'eau, dont les fleuves. De toute cette eau qui coule sur la Terre, une partie s'évapore sans cesse. Cette condensation forme les nuages dont la vapeur d'eau retombe sous forme de pluie, et ainsi de suite : c'est le cycle de l'eau. Le jaillissement des sources souterraines explique le débit constant des fleuves ; les eaux de surface augmentent ce débit mais ne suffiraient pas à l'alimenter. Les fleuves modifient le relief. Plus ils sont larges, plus ils transportent de sédiments et de pierres qui usent la terre. Ils creusent eux-mêmes leur lit et se fraient leur chemin. Les fleuves dessinent des courbes douces mais creusent également des canyons. On connaît l'âge d'un fleuve en observant son profil : jeune, il est découpé et s'écoule en cascades ; plus âgé, il s'adoucit.

Y a-t-il des canyons en France ?

© Shutterstock

Les profondes gorges creusées par les rivières dans les plateaux calcaires appelés causses sont des canyons. En France, ils se trouvent tous dans la même région : les Causses.

Lorsqu'un cours d'eau parcourt toujours le même chemin depuis des millénaires, voire des millions d'années, il creuse un lit qui devient de plus en plus profond. Il forme ainsi une profonde gorge appelée canyon. C'est le cas du splendide site des gorges du Tarn : il a été creusé par érosion dans le calcaire des Causses. Il mesure plus de 50 km de long, depuis Quézac jusqu'au Rozier. Les deux falaises qui le bordent sont le causse de Sauveterre et le causse Méjean. Les Causses sont bien modestes pourtant à côté du Grand Canyon aux États-Unis. C'est le fleuve Colorado qui a entaillé ce plateau sédimentaire aride. Le célèbre canyon mesure environ 450 km de long, de 5 à 30 km de large et jusqu'à plus de 2 000 m de profondeur ! Le climat change du tout au tout selon qu'on se trouve en haut ou en bas. Ce site est passionnant : il met à nu des couches très anciennes de roches préhistoriques.

Qu'est-ce qu'un iceberg ?

C'est un gigantesque bloc de glace qui flotte sur les mers froides des pôles. Ce gros « glaçon », dont la plus grande partie est sous l'eau, s'est détaché d'un glacier.

Les glaciers du Groenland et du pôle Nord sont gigantesques. Lorsqu'ils atteignent le littoral, ils se cassent. Leurs morceaux, poussés par les courants marins et par le vent, dérivent dans la mer. Les plus petits ont la taille d'un immeuble dont la plus grande partie se trouve sous l'eau. Les plus massifs peuvent être 2 000 fois plus grands et peser un million de tonnes ! L'iceberg n'est pas salé car l'eau qui le constitue, celle du glacier, provient de la transformation de neige en glace. Comme des glaçons dans un verre d'eau, les icebergs fondent lentement dans la mer polaire. Leur contour devient alors joliment déchiqueté. On surveille le cheminement des icebergs par satellites, car ils peuvent être dangereux pour les bateaux. Souvent, les petits glaciers n'ont pas le temps de rejoindre les mers tempérées, disparaissant vite dans une eau au-dessus de 0 °C. Mais ceux de grande taille peuvent mettre trois années à s'y dissoudre !

© Shutterstock

© Shutterstock

De quand la dernière période glaciaire date-t-elle ?

Le Würm, dernière glaciation, a pris fin entre 9 500 et 10 500 ans avant Jésus-Christ.

La Terre modifie légèrement son orbite autour du Soleil à cause de l'attraction exercée sur elle par le Soleil et les planètes du Système solaire. La Terre voit l'inclinaison de son axe modifiée tous les 25 800 ans. Cet axe décrit un mouvement conique et change de 1° tous les 72 ans. Les périodes glaciaires pourraient donc avoir été provoquées par des variations de l'intensité de l'ensoleillement. Par ailleurs, tous les 20 000 ans, la Terre se rapproche du Soleil. Ce sont les périodes chaudes, comme celle que nous vivons. Puis elle s'en éloigne et connaît une période glaciaire. Lors de ces périodes, des millions de tonnes d'eau sont gelées sous forme de glaciers… donc le niveau des mers baisse, pouvant descendre de 100 à 150 mètres. Il y a 10 000 ans, la Manche n'existait pas en tant que mer. Le niveau des océans a vite remonté à la fin du Würm.

Où trouve-t-on la plus grande épaisseur de glace ?

© Fotolia

On la trouve au pôle Sud ; la couche de glace mesure 4 kilomètres d'épaisseur !

La calotte glaciaire, qui couvre 80 % de la superficie du Groenland, île située près du pôle Nord, atteint également plus de 3 300 m au centre de l'île, pour une épaisseur moyenne de 1 500 mètres. C'est pourquoi certains sommets de la chaîne de montagnes de cette île pointent hors de la glace. La calotte glaciaire autour du pôle Sud ne fond jamais. Lorsque les températures sont plus clémentes, seules les eaux glacées entourant le continent de l'Antarctique fondent, formant la banquise. Au pôle Nord, l'océan Arctique gèle aussi lors des grands froids.

Comment une grotte se forme-t-elle ?

Les eaux de pluie coulent sous la terre. Une roche particulière absorbe facilement la pluie : le calcaire. Les eaux souterraines l'usent pour former les grottes.

© Shutterstock

Les eaux rongent d'autant plus aisément le calcaire que, privées de l'oxygène de l'air, elles se chargent en gaz carbonique. Elles deviennent donc acides et corrosives. Elles commencent par former des fissures, puis, petit à petit, ces fissures s'agrandissent jusqu'à former une caverne ou une grotte. L'eau continue à pénétrer dans les grottes par le sol situé au-dessus ; c'est pourquoi de l'eau coule du plafond de la grotte. Cette eau rejoint la source souterraine. Sur le plafond, les gouttes forment des tiges de minéraux qu'elles déposent en s'évaporant : ce sont des stalactites. Il faut des milliers d'années pour en faire de gros comme des colonnes. Les stalagmites sont des stalactites qui montent du sol vers le plafond de la grotte.

Qu'est-ce qu'un désert froid ?

Un désert n'est pas forcément un endroit chaud, mais une étendue qui ne reçoit que très peu de précipitations. Ainsi, les pôles sont des déserts... de glace.

Un désert de glace

Contrairement aux déserts de sable ou de pierre, il y a de l'eau dans les déserts froids... Ainsi sont-ils constitués uniquement d'eau, mais le peu qui tombe ne s'évapore pas : elle gèle. Ainsi ces déserts sont-ils constitués uniquement de glace, accumulée pendant des milliers d'années, les rendant impropres à la vie. Là non plus, aucune plante ne peut s'ancrer avec ses racines. Ainsi, l'Arctique et la calotte glacière de l'Antarctique sont des déserts de glace.

La différence entre les deux pôles est que l'Antarctique est un continent recouvert de glace, et l'Arctique un océan gelé.

Quelle différence y a-t-il entre l'Arctique et l'Antarctique ?

L'Arctique est un océan glacé entouré de terres ; l'Antarctique est un continent (une terre) enfoui sous de la glace, encerclé d'eau.

Au cœur de l'Arctique, autour du pôle Nord, rien ne pousse, car c'est la banquise, une couche de glace sur la mer. Seules les côtes et les îles environnantes voient poindre lors des étés très courts des plantes résistantes et coriaces. L'Arctique est un peu moins froid que l'Antarctique en raison des variations de l'inclinaison de la Terre sur son axe et des courants atmosphériques. Il fait cependant des températures inférieures à – 73 °C. En Antarctique, la plus basse température enregistrée est – 89 °C. Hormis le fait que l'Antarctique soit un continent et l'Arctique essentiellement un océan gelé, ces deux régions polaires se ressemblent assez : ce sont tous deux des endroits glacés peu hospitaliers. Le pôle Sud est le miroir du pôle Nord : les saisons y sont inversées. Ainsi, quand c'est la nuit de six mois au nord, c'est le jour de six mois au sud.

Pourquoi les déserts sont-ils si arides ?

Dans certaines régions, l'eau s'évapore dès qu'il pleut. Comme il n'y tombe que 20 cm d'eau par an environ, rien ne pousse : c'est un désert.

Comme il n'y a ni plantes ni nuages pour faire de l'ombre, le soleil assèche le sol. L'absence de pluie peut être causée par deux raisons : soit de hautes chaînes de montagnes bloquent les nuages, soit le mouvement de l'air, toujours descendant, empêche la pluie de tomber – comme dans le Sahara. Comme il fait très chaud le jour et très froid la nuit, les roches des déserts se fissurent. Dès qu'il pleut, l'eau s'écoule dans ces fissures. Aucune plante ne peut y prendre racine. Pourtant, des graines sont capables d'attendre des années une goutte d'eau pour germer aussitôt. Un cinquième des terres émergées peut être appelé désert. Les déserts se trouvent principalement en Afrique (le Sahara), en Australie, en Asie centrale et le long des côtes ouest de l'Amérique (la vallée de la Mort en Californie, le Nouveau-Mexique, les Andes…).

Même en Espagne, le désert progresse, comme ici, en Andalousie.

Pourquoi fait-il froid la nuit dans les déserts ?

Comme il n'y a pas de nuages, la terre et l'air ne conservent pas la chaleur accumulée durant la journée. Dès que le Soleil – source de chaleur – se couche, l'air se refroidit brutalement.

Les mouvements de l'air, dans ces régions chaudes, sont descendants. C'est pourquoi les nuages, la condensation de vapeur, ne peuvent se former avec le peu d'humidité qui se trouve dans l'air. Or, pour que la condensation se forme, il faut que le nuage monte haut dans le ciel où il se refroidit. Toute la journée, comme il n'y a pas le moindre nuage pour le cacher, le Soleil tape impitoyablement. La température atteint ainsi 60 °C dans certaines parties du Sahara, notamment en Libye. Mais la nuit, elle descend assez souvent en dessous de 0 °C.

Comment une dune se forme-t-elle ?

Dans certaines régions, les vents puissants peuvent façonner des collines avec des masses de sable que peu ou pas de plantes retiennent.

Hautes de plus de 300 m, les dunes de Sossusvlei sont typiques du désert de Namibie, en Afrique australe. Elles sont situées à une centaine de kilomètres de l'océan Atlantique.

Les dunes sont souvent composées de sable, mais aussi de cristaux de sel ou de gypse. On les trouve sur les plages, mais également dans les déserts où elles se déplacent en formant des croissants, ou des falaises, car aucune plante ne les maintient. Le sable formant les dunes des plages a d'abord été apporté sur le haut du littoral par le ressac. Lorsque ces sables sont secs, ils sont emportés par le vent et s'accumulent autour d'un premier obstacle. Ces dunes sauvages peuvent, pour certaines, se déplacer de 30 mètres par an. Celles sur les plages sont quasi immobiles car de nombreuses plantes y poussent, retenant le sable avec leurs racines. De plus, l'homme les protège de barrières afin qu'elles se maintiennent en place, même sous le souffle de vents puissants. L'homme tente lui aussi de les modifier. Aux Pays-Bas, les hommes font des digues pour gagner du terrain sur la mer. Les dunes contribuent à filtrer l'eau de pluie, qui devient de l'eau potable. En Europe, les dunes de sable se rencontrent surtout sur les rives de la Manche et de la mer du Nord. En Antarctique, région très ventée, on ne voit évidemment pas de dunes de sable, mais des dômes de neige.

De quels gaz l'air est-il composé ?

L'air contient beaucoup d'azote (78 %), l'indispensable oxygène (21 %), un tout petit peu (1 %) de gaz carbonique et de vapeur d'eau et de traces d'autres gaz (hélium, ozone, néon...).

Bien que l'oxygène ne soit pas le gaz majoritaire de l'air, il est, pour l'homme, le plus important. Non seulement nous le respirons, mais il permet au feu de brûler. Cependant, l'air devient de plus en plus irrespirable dans les villes. Quantité de gaz nocifs comme le dioxyde de carbone, le soufre, l'azote sont rejetés dans l'atmosphère par les usines et les voitures. Les poussières de plomb et les cendres provenant des incendies de forêts sont également dangereuses pour la santé. Comme ces matières polluantes sont lourdes, elles restent près du sol et nous les respirons sans cesse. Dans les villes côtières ou humides, le brouillard se mêle aux particules des fumées polluantes, formant ainsi le smog. Il est fréquent à Londres, à Tokyo et à Los Angeles.

© Fotolia

La couche d'ozone va-t-elle disparaître ?

En tout cas, elle s'est affinée durant des décennies. Il y a un « trou » au-dessus du pôle Sud et aussi de l'Arctique. Il s'agit d'un phénomène induit par la pollution due à des gaz chlorés qui tend à se résorber après des années d'accroissement.

Il y a très peu d'ozone dans l'air que nous respirons, mais il y en a 500 fois plus dans une couche qui se trouve à 25 km de la surface de la Terre. Cette couche d'ozone nous protège des rayons ultraviolets émis par le Soleil, dangereux pour les êtres vivants. Dès 1979, des observations par satellites ont montré que la superficie de la couche d'ozone diminue de 4 à 18 %. Au-dessus de l'Antarctique, il s'agissait d'un véritable trou. Cela pouvait être un phénomène normal, dû en partie à la météo particulière aux pôles. En tout cas, le phénomène était aggravé par les gaz comme le CFC. Ce gaz libère du chlore au contact des rayons ultraviolets. Ce chlore transforme l'ozone en oxygène. Le CFC était contenu dans les réfrigérateurs, les mousses en plastique et dans les bombes aérosols que nous utilisons tous les jours. Depuis 1987, les fabricants ont dû remplacer le CFC par d'autres gaz qui préservent la couche d'ozone. Les observations actuelles montrent que les trous de la couche d'ozone ont tendance à se réduire.

Qu'est-ce qui provoque l'effet de serre ?

La couche atmosphérique la plus proche de la Terre empêche les rayons infrarouges de s'échapper. Ces rayons retournent vers la Terre et la réchauffent.

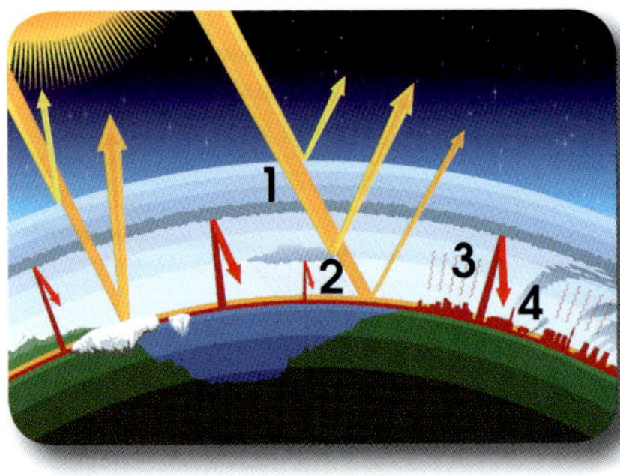

L'effet de serre. Les rayons solaires (1) traversent la haute atmosphère (2) et atteignent le sol (3) qui les renvoie vers le ciel ; mais cette fois ils ne traversent pas tous la troposphère : les rayons infrarouges retournent vers le sol (4), réchauffant la basse atmosphère dans laquelle nous vivons !

Lorsque les rayons lumineux arrivent du Soleil, ils sont de courte longueur d'onde. Ils traversent aisément le gaz carbonique de la troposphère. Certains de ces rayons sont transformés en infrarouges. Ils se mettent à chauffer tandis que leur longueur d'onde augmente. Ils ne peuvent plus s'échapper car le gaz carbonique empêche les grandes longueurs d'onde de passer. Ils retournent donc vers la Terre et la réchauffent. Tout cela fonctionnerait à merveille, comme une serre à tomates, si la pollution ne venait s'en mêler. En effet, dans les villes, il y a moins de végétation et davantage de voitures et d'industries. Les plantes absorbent le gaz carbonique ; les pots d'échappement et les fumées d'usines en produisent. Il se crée, peu à peu, une surcharge en gaz carbonique au-dessus des villes. La chaleur tend donc à s'accumuler dans l'atmosphère sans pouvoir se réguler naturellement. Dans quelques années, le réchauffement de la Terre pourrait avoir des effets dramatiques. La mer absorbe également les rayons solaires qui la réchauffent sur 10 mètres de profondeur. Elle n'absorbe pas toute cette chaleur. Elle en renvoie une partie dans l'atmosphère, sous forme de rayons infrarouges. Par temps couvert, l'atmosphère lui rend ces rayons.

Pourquoi y a-t-il du vent ?

Les masses d'air chaud s'élèvent, la pression diminue. D'autres masses d'air froid descendent et augmentent la pression. Le vent souffle car il est généré par la poussée des hautes pressions vers les basses pressions.

Les zones qui ont la même pression sont appelées isobares. Lorsque deux zones isobares sont resserrées, le vent souffle plus fort entre elles. Il suit l'orientation de la Terre. Dans l'hémisphère Nord, il tourne dans le sens des aiguilles d'une montre autour des hautes pressions et dans le sens inverse autour des basses pressions. C'est le contraire dans l'hémisphère Sud. En été, sur la mer, l'air chaud monte et donc la pression baisse. De l'air plus frais vient du large. C'est la brise de mer normale. Elle sera accélérée et déviée par les obstacles ; la montagne en est un de taille, qui transforme le vent. Le vent se refroidit en montant le long de la montagne, puis il redescend de l'autre côté, en se réchauffant très vite, ayant perdu sa vapeur d'eau. Cet effet se nomme le fœhn. Quand les dépressions sont très creuses, comme celles du front polaire en hiver, elles provoquent des vents de force 10.

Comment mesure-t-on la force du vent ?

On la mesure à l'aide d'un anémomètre. C'est une sorte de « moulinet » qui tourne sous l'action du vent et produit une certaine quantité d'électricité, mesurée par un ampèremètre.

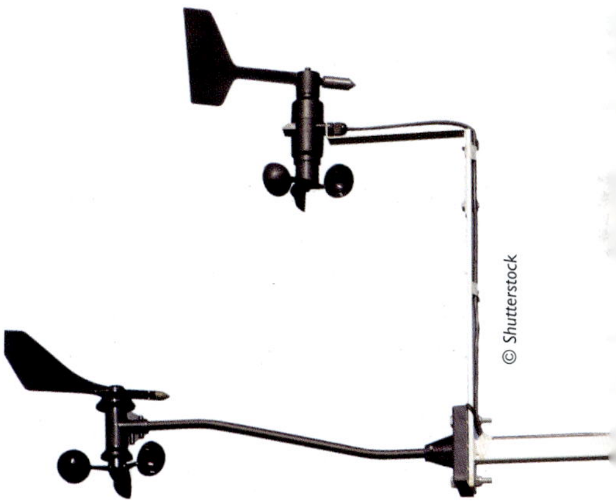
© Shutterstock

L'anémomètre s'exprime en degrés. Lorsqu'il indique 10°, le vent souffle à 30 km à l'heure environ. Cependant, la vitesse du vent s'exprime en nœuds. Le nœud est une unité de marine correspondant à 1 mille nautique à l'heure. On peut facilement convertir les nœuds en kilomètres à l'heure. Il suffit de multiplier par deux, puis d'ôter un dixième. Ainsi, 50 nœuds équivalent à 90 km à l'heure :
50 x 2 = 100 - 10 = 90. L'échelle de Beaufort a été établie de façon plus simple. Les graduations de 0 à 12 correspondent tout simplement au nombre de voiles que devaient porter les bateaux pour répondre à une force de vent. Sur terre, on peut évaluer la force du vent en examinant la fumée qui sort des cheminées et les manches à air qui jalonnent le bord des autoroutes.

© Shutterstock

Qu'appelle-t-on une trombe ?

La trombe, comme la tornade, est un petit ouragan qui se produit sur terre.

Lorsque de l'air chaud rencontre de l'air froid, on appelle cela un front. Le long d'une ligne de front, il peut se former une trombe : une haute colonne d'air chaud. De puissants vents d'altitude la font tourner sur elle-même et progresser. Lorsqu'elle prend de la puissance, la trombe descend des nuages ; elle vient lécher le sol et aspirer tout ce qui se trouve à sa portée. Les trombes sont de petite taille, avec une colonne d'une centaine de mètres de diamètre – alors que les ouragans peuvent atteindre 1 500 km de diamètre. Les trombes sont pourtant responsables de dégâts importants : elles aspirent les personnes, les automobiles et même les habitations peu solides. Les trombes sont courantes dans le sud-est des États-Unis.

Pourquoi y a-t-il des éclairs pendant un orage ?

Les nuages chargés d'électricité provoquent des éclairs qui sont des décharges électriques : ils se propagent, contrairement à ce que l'on croit, du sol vers les nuages.

Les gros nuages noirs sont agités de courants très forts. Ils se chargent en électricité, qui génère de brusques décharges : les éclairs.

L'électricité interne du nuage est provoquée par le frottement de toutes ses particules. Les charges positives sont rassemblées en haut et les négatives en bas. Les charges tendent toujours à s'équilibrer. Cela se produit brutalement en déchargeant de l'électricité. C'est l'éclair. L'éclair est un gigantesque arc électrique, engendré par une différence de potentielle importante entre deux zones du cumulo-nimbus ou entre deux nuages, ou bien entre la base du nuage d'orage chargée négativement (électriquement parlant) et le sol, lui, toujours chargé positivement. Lorsqu'ils atteignent 15 km d'altitude, les nuages sont généralement si chargés en électricité qu'ils pourraient fournir le courant pour une petite ville ! Par temps d'orage, on peut aussi observer de petits éclairs bleutés sur les pylônes et les clochers. Ce crépitement est appelé feu de Saint-Elme.

Par quoi les avalanches sont-elles déclenchées ?

Les skieurs imprudents qui s'aventurent hors piste prennent le risque d'être enfouis sous une avalanche.

Toute la neige qui tombe en montagne ne fond pas. Une certaine quantité s'accumule sur les flancs des reliefs. Sans qu'on puisse toujours le prévoir, cette masse de neige peut s'effondrer le long de la pente.

Le Centre d'études de la neige (CEN) a cependant établi une échelle de risque. On sait ainsi qu'il y a risque faible (de 1 à 4) quand le manteau neigeux est stable. Il peut cependant être déplacé accidentellement, par un skieur par exemple. Le risque est estimé plus important (de 5 à 8) si le manteau neigeux est instable, quand il y a de grosses accumulations. Il peut alors survenir des avalanches naturelles… ou bien des inondations et des coulées d'eau et de boue dévastatrices au moment de la fonte des neiges.

Quelles différences y a-t-il entre un cyclone, un ouragan et un typhon ?

Ces trois noms veulent dire la même chose. Un cyclone est appelé ouragan en Amérique (hurricane) et typhon en Asie (du japonais « taï phou » ou du cantonais « tai fung », noms peut-être issus du grec ancien « Tuphön », un monstre de la mythologie grecque responsable des vents chauds).

On ne rencontre ce phénomène que dans les régions tropicales. Il faut qu'une dépression se forme sur une mer très chaude pour devenir une tempête aussi ravageuse. Lorsque l'eau atteint 25 °C, les tempêtes tropicales se rejoignent en un grand tourbillon. Le vent marin, qui est humide et chaud, l'alimente en énergie. L'ouragan est capable de traverser l'océan. Lorsqu'il parvient sur l'autre rive, il s'est transformé en une spirale de 1 500 km de diamètre. À l'intérieur, des vents tourbillonnants soufflent à plus de 300 km à l'heure. Le tourbillon est constitué de nuages noirs qui déversent des pluies torrentielles. Vers le centre, l'ouragan est encore plus violent. L'air monte dans la colonne d'air à 160 km à l'heure. Il redescend dans l'œil du cyclone. Ce cœur, de 30 km de diamètre, est calme ! L'ouragan emporte tout sur son passage. Et il peut s'acharner vingt heures au même endroit, provoquant des dégâts considérables. On peut prévoir les ouragans grâce aux satellites météo.

Comment le brouillard se forme-t-il ?

© Shutterstock

Exactement comme les nuages, puisque le brouillard est un nuage qui s'est formé tout près du sol.

Le brouillard se forme donc de gouttelettes d'eau minuscules qui se condensent en vapeur au contact de l'air froid – car l'air froid contient moins d'humidité que l'air chaud : les gouttes diminuent de volume en même temps qu'elles gagnent en densité. Normalement, elles s'élèvent pour former des nuages, car l'air froid se trouve loin au-dessus de la Terre. Mais quand l'air est froid près de la Terre, elles restent non loin du sol.

© Fotolia

Pourquoi fait-il chaud l'été et froid l'hiver ?

Parce que l'axe de la Terre est incliné par rapport à son orbite. Lorsqu'elle tourne autour du Soleil, elle lui expose davantage sa partie sud en hiver (été austral) et sa partie nord en été (été septentrional). Dans ce dernier cas, les rayons solaires sont plus concentrés qu'en hiver.

La Terre met un an (exactement 365,25 jours) à tourner autour du Soleil. Elle ne tourne pas autour de lui sous la forme d'un cercle, mais d'une légère ellipse (ovale). La Terre est au plus près du Soleil en janvier, au plus loin en juillet. Ce n'est donc pas la proximité du Soleil qui apporte la chaleur, mais le fait que nous recevions plus ou moins directement ses rayons. En effet, l'inclinaison de l'axe du globe par rapport au plan de son orbite autour du Soleil est de 23°26'. En conséquence, lors de la révolution de la Terre autour du Soleil, l'hémisphère Nord sera le plus incliné « vers » le Soleil pendant six mois, avec un moment de l'année où il sera à son maximum d'inclinaison ; au contraire, il sera le plus « reculé » par rapport à l'astre du jour pendant six autres mois, avec, là aussi, un maximum. Ces moments sont les solstices, qui surviennent les 20 ou 21 juin (solstice d'été) et 21 ou 22 décembre (solstice d'hiver). C'est grâce à cette inclinaison que la France – qui se trouve dans l'hémisphère Nord – reçoit plus directement la chaleur du Soleil en été. En hiver, les rayons solaires nous parviennent plus obliques. Dans l'hémisphère Sud, tout est inversé. Quand l'hémisphère Sud a droit à son tour à l'été chaud, l'hémisphère Nord subit les courtes et froides journées d'hiver. Bien sûr, les pôles subissent ce phénomène, chacun de manière inverse à l'autre : le jour y dure six mois l'été et la nuit six mois l'hiver. Si l'axe de la Terre était exactement vertical, nous connaîtrions des jours équivalents de douze heures et les saisons seraient toujours exactement identiques.

LES TECHNOLOGIES NUMÉRIQUES

© Shutterstock

Qu'est-ce que l'informatique ?

L'informatique est le traitement automatique d'informations numériques. Ce traitement est assuré par des machines telles que les ordinateurs. Elles traitent ces informations bien plus rapidement que ne pourrait le faire un être humain.

Le nom « informatique » est l'association des noms « information » et « automatique ». En effet, les informations traitées automatiquement par la machine sont des données numériques, c'est-à-dire des informations transcrites sous la forme des chiffres 0 et 1. L'informatique est donc fondée sur des calculs effectués selon des outils mathématiques appelés des algorithmes. La combinaison d'algorithmes mathématiques forme un logiciel – appelé aussi un programme – adapté à la tâche à effectuer par la machine. L'informatique est vraiment apparue dans les années 1950, soit juste après la découverte en 1947 du transistor. Ce dispositif, ne laissant passer un courant électrique que dans un seul sens, permit la mise au point d'interrupteurs dans des circuits logiques, véhiculant des informations binaires codées sous la forme des chiffres 0 ou 1. C'est la base de l'informatique.

Comment est fait un ordinateur ?

© Fotolia

Un ordinateur contient toujours une unité centrale constituée d'un processeur assurant les calculs et d'un système de contrôle de l'exécution des tâches ; il a aussi un système de mémoires pour stocker les données brutes ou traitées, des dispositifs permettant de communiquer avec la machine, et une alimentation électrique.

Le processeur, cœur de la machine, traite les données. Le système de contrôle surveille le bon fonctionnement du processeur, notamment la chronologie nécessaire à l'exécution successive de chaque tâche mathématique. Les mémoires contiennent aussi bien les logiciels installés sur la machine que les données brutes à traiter ou les données déjà traitées. Les mémoires dites mortes contiennent les logiciels de fonctionnement ; les mémoires vives gèrent les informations en cours de traitement. Les périphériques permettent d'entrer les données dans l'ordinateur puis d'en récupérer les résultats : nombres, graphiques, textes ou images. Ils peuvent être constitués d'un clavier et d'une imprimante ou, dans le cas des superordinateurs, d'un autre ordinateur !

Pourquoi parle-t-on de micro-ordinateur ?

© Shutterstock

Les micro-ordinateurs ont d'abord désigné des machines utilisées sur un bureau. Progressivement, ce terme a été employé pour désigner les ordinateurs familiaux.

Au début des années 1970, grâce à la miniaturisation toujours plus poussée des microprocesseurs et de l'électronique en général, les ordinateurs sont devenus plus petits et moins coûteux. Ils furent conçus pour tenir sur un bureau et être utilisés par une seule personne. Ce fut une révolution par rapport aux grosses machines qui nécessitaient une installation spéciale, et dont l'utilisation était partagée par de nombreux utilisateurs grâce à des terminaux. En 1971, le premier micro-ordinateur fut proposé en kit par la firme Intel : le MCS4. Dès la fin des années 1970, ces machines ont été exploitées dans les entreprises et les administrations, puis sont entrées dans les foyers des particuliers. En 1981, IBM lança son premier « Personal Computer » : le PC ! Sous l'impulsion de Steve Jobs (1955–2011), la révolution est arrivée par la firme Apple, mettant sur le marché le célèbre Macintosh, premier ordinateur vraiment grand public. Les micro-ordinateurs envahissent les foyers et les entreprises au cours des années 1990, grâce à des logiciels plus simples à utiliser, plus diversifiés et moins onéreux.

Comment les micro-ordinateurs sont-ils constitués ?

Ils ont la même structure qu'un gros ordinateur. S'ils sont petits, cela ne signifie pas qu'ils ne sont pas performants !

© Shutterstock

Un micro-ordinateur comprend : 1) une unité centrale, contenant le microprocesseur et la carte graphique chargée de mettre en forme les images envoyées sur l'écran ; 2) un disque interne sur lequel sont stockés les logiciels et les données ; 3) des dispositifs permettant de communiquer avec la machine : les périphériques. Les performances des micro-ordinateurs actuels sont extraordinaires comparées à celles des ordinateurs des années 1970… Leur processeur tourne jusqu'à 3,3 milliards de fois par seconde (3,3 GHz) et un disque dur de 2013 peut stocker jusqu'à 4 téra-octets (4 To), soit mille milliards de paquets d'informations…

© Shutterstock

Les ordinateurs font désormais partie de notre vie quotidienne, au travail comme dans la vie privée.

Pourquoi ajoute-t-on des périphériques ?

Le dialogue entre l'utilisateur et le micro-ordinateur est accompli grâce à des systèmes qu'on appelle les périphériques.

Il faut pouvoir donner les ordres à l'ordinateur, alimenter ses logiciels en données brutes et en comprendre les résultats. Ainsi, les ordres sont donnés *via* le clavier et aussi, pour la plupart des ordinateurs, par un dispositif mobile appelé la souris. L'écran présente les résultats ; il dispose aussi de zones actives qui reçoivent des commandes de la souris. Les autres périphériques facultatifs connectés à un micro-ordinateur sont une imprimante, un dispositif de connexion Internet, etc. Tous ces matériels externes sont commandés par des logiciels appelés des pilotes.

Qu'est-ce qu'un ordinateur portable ?

La miniaturisation toujours plus poussée des dispositifs électroniques a permis la réalisation d'ordinateurs puissants que l'on peut aisément transporter.

© Shutterstock

Un ordinateur de bureau est relativement lourd et encombrant. D'où l'apparition, dans les années 1990, d'ordinateurs dans lesquels tous les composants sont miniaturisés et arrangés pour prendre le moins de place possible. L'écran occupe la face interne d'un couvercle qui protège le clavier. Pas plus grand qu'une petite mallette, c'est l'ordinateur portable. Conçu pour être transporté, il est cependant plus fragile qu'un ordinateur de bureau. Les machines actuelles sont très performantes. Des micro-ordinateurs portables sont même utilisés à bord de la station spatiale ISS !

Qu'est-ce que le réseau Internet ?

Le réseau Internet – ou simplement l'Internet – est un système mondial permettant l'échange d'informations entre des ordinateurs reliés entre eux par une connexion numérique.

Les ordinateurs des utilisateurs sont connectés à un système informatique, appelé un serveur, grâce à une connexion numérique rapide. L'ensemble constituant un réseau informatique, Internet est donc un réseau mondial constitué de millions de réseaux utilisant le même langage (les protocoles standards), pour transférer leurs données les uns vers les autres. Internet n'est pas dirigé par un serveur central, mais les connexions s'établissent selon la position des utilisateurs et serveurs. Les informations échangées consistent en des données, qu'elles soient constituées de texte, de son numérique ou d'images, ou bien encore en l'accès à des « pages Web », documents numériques mélangeant des textes et des images. Les applications les plus connues d'Internet sont le World Wide Web, le courrier électronique, la visioconférence… mais il en existe bien d'autres.

© Shutterstock

Internet ou Web ?

Ces noms désignent des concepts bien différents : Internet est le réseau mondial d'interconnexions informatiques, alors que le World Wide Web est l'une des applications transitant par ce réseau.

Le World Wide Web – signifiant de l'anglais « toile (d'araignée) mondiale » désigne donc une application informatique permettant d'accéder, grâce à Internet, à des pages numériques incluant du texte et des images ; ces pages sont placées sur un serveur, écrites dans un format spécial nommé le HTML, et répertoriées par une adresse unique : une URL. Cette application d'Internet est la plus connue au point que, pour beaucoup d'utilisateurs, le terme World Wide Web – ou plus simplement le Web ou la Toile – est devenu, à tort, un synonyme d'Internet.

Comment Internet fut-il inventé ?

Internet date de 1969, mais il a fallu plus de 20 ans avant que le réseau devienne public, puis connaisse un succès mondial avec la création du Web entre 1989 et 1991.

En effet, Internet est né en septembre 1969, lorsque des chercheurs américains connectèrent quatre ordinateurs situés dans différentes universités pour les besoins d'un projet militaire. Le but était de connecter les chercheurs en toute sécurité. En 1990, le réseau fut ouvert à l'ensemble de la communauté scientifique américaine, puis mondiale. En parallèle, en 1989, deux chercheurs de l'Organisation européenne pour la recherche nucléaire (CERN) ont élaboré un protocole permettant d'accéder à des pages numériques accessibles par le réseau Internet. Le World Wide Web était né. Le 6 août 1991, le Web devient public. Son succès s'affirme dès 1993 grâce à des logiciels et des matériels adéquats.

Comment Internet a-t-il bouleversé notre société ?

Internet a énormément facilité la dissémination d'informations pratiques, scientifiques, politiques et culturelles. Ce réseau a aussi permis la création de forums de discussions et de sites dédiés aux relations entre les personnes.

La consultation des pages Web et le courrier électronique demeurent les applications principales d'Internet. Toutefois, depuis le début du XXIe siècle, on assiste au développement fulgurant des « réseaux sociaux ». Les pages Web de ces réseaux servent à la fois de tribunes et de moyens de communication privés ou publics, que leur propriétaire soit un particulier, une société ou un organisme. Ces réseaux – le plus utilisé étant Facebook – permettent à chacun de s'exprimer et de contacter un nombre illimité d'autres internautes. Fin 2014, l'Internet comptait 2,7 milliards d'utilisateurs dans le monde. Pour beaucoup d'experts, l'apparition de l'Internet constitue une avancée aussi importante que l'invention de l'imprimerie !

Pourquoi parle-t-on de téléphonie numérique ?

La voix des interlocuteurs est transformée en une suite de chiffres 0 et 1, puis transmise sous cette forme vers le destinataire. Il ne faut pas confondre téléphonie mobile et téléphonie numérique.

La miniaturisation de l'électronique dans les années 1980 a permis l'apparition de vrais téléphones portables. Les premiers, volumineux, fonctionnaient encore sous le mode analogique ; ils équipaient surtout les automobiles. À partir de 1995 environ, les téléphones mobiles numériques – ou téléphones cellulaires – sont apparus. Petits, ils permettent des liaisons d'excellente qualité, car leurs signaux voyagent ensuite comme une suite de paquets de 0 et de 1 sur une fréquence radioélectrique. Ces téléphones ont révolutionné autant les communications que la société !

Comment fonctionne un téléphone numérique ?

Il ressemble à un minuscule ordinateur. Son cœur est constitué d'un microprocesseur autour duquel se greffent un microphone, une carte d'identification, un émetteur, une antenne, une batterie rechargeable (pour alimenter l'ensemble), puis un écran et un clavier faisant office d'interfaces.

Une puce électronique gère le fonctionnement de l'appareil, la liaison avec le réseau et, en parallèle, la transformation de la voix de l'interlocuteur en mesures de fréquences vocales, puis leur conversion en signaux numériques envoyés à l'émetteur du téléphone. À l'inverse, les signaux reçus sont décodés et synthétisés en fréquences vocales. Les données de sécurité et d'identification sont contenues dans une puce, nommée la carte SIM. Les téléphones les plus évolués possèdent des fonctions autres que la réception et l'émission de fréquences vocales. On les appelle des téléphones intelligents ou smartphones.

Pourquoi parle-t-on de réseau et de couverture ?

© Shutterstock

La téléphonie mobile fait appel à des transmissions par ondes radioélectriques. L'utilisateur doit donc se trouver dans une zone où son téléphone pourra capter ces ondes. C'est la zone de couverture, desservie par un ensemble d'émetteurs et de relais dont l'ensemble forme le réseau.

La plupart des réseaux utilisent des fréquences voisines de 900 et 1 800 MHz. Un émetteur-récepteur principal alimente une zone géographique régionale. Au sein de cette zone, des antennes relais assurent la couverture de zones locales appelées « cellules », d'où le nom de téléphonie cellulaire. Ces antennes sont réparties tous les 5 à 30 kilomètres en milieu rural, beaucoup moins en zone urbaine. Les ondes voyagent de cellule en cellule, selon les positions des téléphones des interlocuteurs. Si l'utilisateur est trop éloigné d'une antenne, son téléphone ne pourra capter l'onde radio ; il ne peut alors se connecter au réseau.

Les téléphones mobiles ont-ils révolutionné notre vie ?

Petits et légers, les téléphones mobiles permettent à chacun d'être joint ou d'appeler à tout instant. Ils améliorent donc les relations sociales mais des abus sont possibles.

© Shutterstock

Grâce à l'apparition de protocoles standardisés – comme le GSM – et d'offres commerciales adaptées, la téléphonie mobile a explosé à partir de 1995. Ce développement fulgurant concerne aussi bien les pays développés que les plus pauvres. Environ 5,1 milliards d'abonnements à la téléphonie mobile furent enregistrés fin 2011. Avec un téléphone dans sa poche, on peut être joint ou appeler à volonté, quel que soit l'endroit où l'on se trouve. Le téléphone mobile facilite les relations sociales ; c'est aussi un excellent outil pour alerter les secours en cas d'urgence. Toutefois, il peut aussi se révéler fort gênant lorsque des utilisateurs ne respectent pas leur entourage dans des lieux publics…

Qu'est-ce qu'un baladeur numérique ?

Ce petit appareil stocke des données qui sont restituées sous forme de musique ou de voix. L'arrivée des baladeurs numériques a malheureusement aggravé le piratage des œuvres musicales.

© Shutterstock

Un baladeur numérique

Grâce à des formats spécialisés de stockage des données – les MP3 ou MP4 –, un baladeur numérique restitue des fréquences sonores. Il permet donc d'écouter de la musique, des voix, etc. Contrairement aux anciens baladeurs qui lisaient des cassettes ou des disques, les premiers baladeurs numériques stockent leurs fichiers audionumériques sur des mémoires électroniques. Certains modèles permettent aussi de capter des émissions radiophoniques. Les baladeurs numériques apparaissent dès 1998, mais une révolution survient en octobre 2001. La firme Apple lance l'iPod, un baladeur numérique qui possède un disque dur comme un ordinateur. De nombreuses versions sont ensuite apparues sur le marché. Pour alimenter la mémoire de l'iPod depuis un ordinateur, des boutiques en ligne permettent de télécharger sur un ordinateur des musiques, des vidéos et des films. Malheureusement, il existe beaucoup de sources illégales. L'apparition des baladeurs numériques a fait exploser le téléchargement illégal (ou piratage) des œuvres artistiques, au point que des lois ont dû être instaurées.

Qu'est-ce qu'un organisateur personnel numérique ?

© Fotolia

Les smartphones proposent de nombreuses fonctions et permettent le téléchargement de multiples applications.

Cet appareil – appelé un assistant numérique personnel (ou PDA) – est un agenda électronique de poche aux multiples fonctions. Petit, il est néanmoins un véritable ordinateur.

Les PDA combinent les rôles d'agenda électronique, de répertoire personnel pour enregistrer adresses et numéros de téléphone de nombreux contacts, et aussi de traitement de textes. Toutes les informations sont entrées *via* un clavier ou un écran numérique tactile. Les premiers PDA sont apparus en 1988. Progressivement, ils ont évolué vers des appareils intégrant les liaisons Internet et téléphoniques.

Qu'est-ce qu'un téléphone intelligent ?

© Shutterstock

Un téléphone portable disposant de nombreuses fonctions autres que la simple téléphonie est un téléphone intelligent. On le nomme aussi ordiphone ou smartphone.

Il est équipé d'un puissant microprocesseur associé à un récepteur et à un écran en couleurs. Il combine les fonctions de téléphone mobile, de terminal Internet *via* le système 3G, d'assistant personnel, de baladeur numérique et vidéo, d'appareil photo, etc. Ces appareils permettent l'échange de données vocales et numériques sous de hauts débits. De très nombreux logiciels spécialisés – appelés les applications – peuvent être téléchargés *via* Internet. Les smartphones sont apparus dès 1992. Le BlackBerry, proposant d'autres fonctions grâce à son écran tactile, entre dans cette catégorie. En 2007, Apple lance l'iPhone, appareil doté d'un écran tactile géant, intelligent et aux multiples fonctions. Ses performances et le nombre d'applications disponibles en ont fait un véritable succès… mais il existe bien d'autres smartphones.

Qu'est-ce qu'une tablette tactile ?

© Shutterstock

Une tablette tactile

Une tablette combine les fonctions des organisateurs personnels numériques, des téléphones intelligents et des ordinateurs portables d'un volume réduit.

Une tablette tactile, ou tablette numérique, est intermédiaire entre un ordinateur portable et un téléphone intelligent. Toutefois, son grand écran et sa mémoire plus importante lui confèrent des possibilités supérieures à celles de l'iPhone, bien que beaucoup d'applications soient communes. La première tablette numérique date de 1993 mais la plus récente est l'iPad d'Apple, très performante. Ces tablettes tactiles sont destinées aux utilisateurs pour qui l'échange de gros volumes d'informations ou une excellente vision des images reçues sont primordiaux.

La partie spatiale du réseau GPS

Qu'est-ce que le GPS ?

Ces lettres signifient en anglais « Global Positioning System », soit « système global de localisation ». Il désigne un système de positionnement grâce à un réseau militaire américain de satellites de navigation opérationnel depuis 1995. Ouvert au grand public, le GPS est le réseau le plus utilisé, mais il en existe d'autres, comme l'européen Galileo.

La partie spatiale du réseau GPS est composée de 24 satellites Navstar gravitant à environ 20 000 km au-dessus de la Terre. Chaque satellite contient une horloge atomique extrêmement précise et un émetteur qui envoie en permanence des signaux contenant l'heure calculée par l'horloge du satellite et sa position précise dans l'espace. Grâce à un logiciel spécial, le microprocesseur du récepteur compare la différence entre l'heure de son horloge interne et l'heure très précise fournie par un satellite. Ce décalage de temps permet de calculer la distance entre le satellite et le récepteur. Ce dernier mesure les distances le séparant d'au moins quatre satellites, ce qui donne sa position en longitude, latitude et altitude. La précision est de 10 à 20 mètres pour les civils, environ un mètre pour les militaires !

Comment les automobiles profitent-elles du réseau GPS ?

Les GPS – nom couramment donné aux appareils de localisation fixes ou portables – sont maintenant des équipements courants des automobiles. Ces appareils permettent au conducteur de suivre un itinéraire calculé en temps réel par le récepteur.

Un appareil GPS

Le GPS compare en permanence la position du véhicule avec une base de données contenant le réseau routier du pays ou d'un continent. L'écran du système affiche les données sous la forme d'une carte routière plus ou moins détaillée avec la position du véhicule sur la carte. Un système de flèches ou un système vocal – voire les deux – donne les instructions au conducteur pour suivre la bonne route. La précision est généralement excellente, bien que les récepteurs GPS puissent mal fonctionner sous forte pluie ou dans une zone d'immeubles élevés, les signaux des satellites étant alors bloqués.

Les systèmes de navigation par satellite ont-ils d'autres applications ?

© Shutterstock

Les récepteurs GPS portables, petits, légers – grâce à la miniaturisation des microprocesseurs – et précis à une dizaine de mètres près, ont rapidement trouvé de nombreuses applications pratiques et scientifiques.

Pour les randonneurs, par exemple, on trouve des récepteurs GPS guère plus gros qu'un téléphone portable. Les téléphones intelligents de dernière génération intègrent souvent de tels récepteurs. Ils donnent les coordonnées en longitude et latitude ainsi que l'altitude. Bien sûr, associé à un émetteur, un GPS embarqué permet de localiser un camion ou un navire. Le réseau GPS est aussi utilisé par les géologues pour mesurer les variations de la croûte terrestre ou par d'autres scientifiques pour suivre, par exemple, les migrations des animaux.

Qu'est-ce que la domotique ?

Les microprocesseurs sont présents dans de nombreux appareils électroménagers ou autres systèmes d'une habitation. S'ils sont associés à un émetteur-récepteur, il est alors possible de piloter à distance ces appareils : c'est la domotique.

La domotique associe l'informatique – présente *via* un microprocesseur installé dans un appareil – à des techniques relevant de l'automatisme et des communications sans fil. Il est ainsi possible de gérer à distance le fonctionnement d'appareils électroménagers (comme l'allumage d'un four), de maîtriser les dépenses d'énergie et de surveiller les équipements de sécurité d'une maison. La domotique est censée apporter plus de confort et de sûreté aux occupants de la maison, mais ces systèmes sont encore très onéreux.

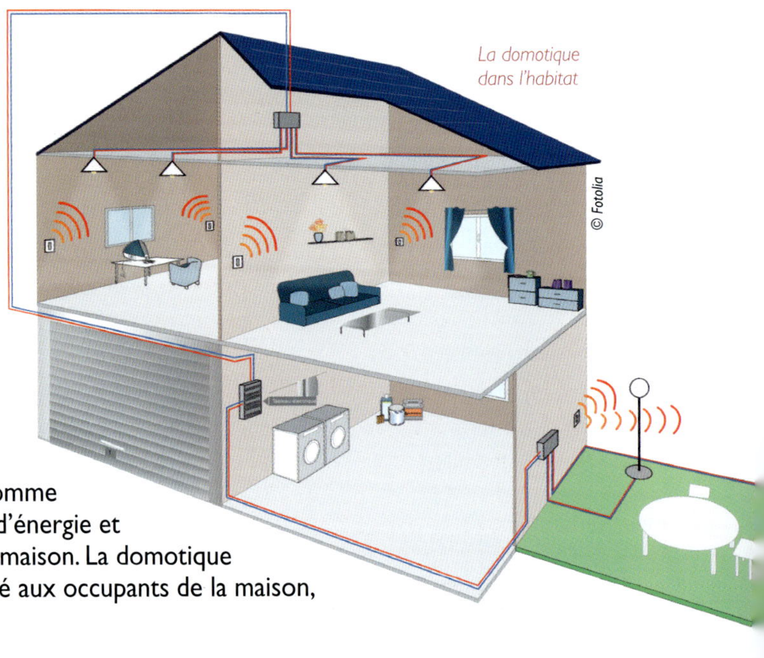
La domotique dans l'habitat
© Fotolia

Pourquoi une image est-elle dite numérique ?

© Fotolia

Des images numériques

Une image numérique n'est formée que d'une suite de paquets de chiffres 0 et 1. Une image numérique est soit créée directement par un logiciel informatique, soit acquise par un capteur électronique.

Pour chaque point élémentaire de l'image – appelé un pixel –, un seul paquet de chiffres détermine sa position, son intensité, sa couleur, etc. Si le paquet donne, en plus, la position du point dans le temps, on obtient une image animée ou un film numérique. Dans tous les cas, une image numérique est créée sous la forme de données informatiques basiques, puis traitée et conservée sous ce même format. Elle peut ensuite être imprimée sur un support papier si l'utilisateur le souhaite.

Comment un appareil photo numérique fonctionne-t-il ?

© Fotolia

Un appareil photo numérique

Derrière l'objectif optique de l'appareil, la pellicule est remplacée par un capteur électronique sensible à la lumière. La surface de ce capteur est divisée en des millions de points élémentaires numériques : les pixels. Le traitement de ces points par un logiciel adapté fournit une image.

Chaque point traduit les informations lumineuses reçues en une série de tensions électriques, dont les valeurs sont traitées puis stockées dans une mémoire. Les meilleurs appareils disponibles sur le marché disposent de capteurs découpés en 36 millions de pixels. L'image ainsi reconstituée est ensuite stockée sur ordinateur, puis modifiée par un logiciel spécialisé de traitement d'images. Depuis 1995, ces appareils ont largement remplacé la photographie sur pellicule argentique. Les images obtenues peuvent être traitées facilement et rapidement selon les besoins exacts du photographe. D'autre part, les images de mauvaise qualité sont effacées sans problème. Par contre, les capteurs électroniques ne peuvent encore donner la même finesse d'image et le même rendu des couleurs qu'une pellicule.

© Fotolia

Un écran plasma de dernière génération, idéal pour la TV numérique

Qu'est-ce que la télévision numérique ?

Comme dans tout système numérique, le signal vidéo – permettant de reconstituer l'image captée par la caméra – est formé de valeurs numériques traduites en système binaire, utilisant les chiffres 0 et 1. Il en résulte une image de meilleure qualité que celle de la télévision dite analogique.

Dans la télévision analogique, le signal vidéo était constitué de tensions électriques porteuses d'informations, qui étaient ensuite décodées par le récepteur en signaux excitant l'écran. Dans la télévision numérique, le récepteur reçoit les valeurs numériques des tensions du signal vidéo. Les images numériques, plus stables et dynamiques, ont une meilleure résolution car les paquets numériques peuvent véhiculer beaucoup plus d'informations que les simples variations analogiques de tensions électriques. La télévision numérique peut être distribuée par un réseau terrestre, par câble ou par un satellite de télédiffusion. En France, la télévision numérique terrestre a entièrement supplanté l'ancien système en novembre 2011.

Peut-on aller au cinéma chez soi ?

© Fotolia

Un home cinéma numérique

Avec les images et le son numériques stockés sur des supports tels que des DVD, des disques Blu-ray ou des mémoires informatiques, on peut facilement recréer un véritable ensemble de cinéma à la maison. C'est le home cinéma numérique.

L'image et le son sont restitués par un système combinant le son en haute fidélité, l'image en haute définition et un écran de grande taille. La qualité de l'image et les effets sonores des meilleurs systèmes sont saisissants. Maintenant, de nombreux films sont directement tournés en images numériques en haute définition. La dernière avancée est la 3D – ou images en trois dimensions –, qui permet d'obtenir des images en relief, telles qu'un œil humain les percevrait dans la réalité.

SCIENCES DE LA NATURE

Les particules sont-elles stables ?

Les particules ne sont pas divisibles, mais certaines peuvent se transformer en d'autres particules élémentaires. Elles sont donc instables.

Lorsqu'un neutron quitte le noyau central, il a une durée de vie de 15 minutes environ et peut se transformer en proton et en neutrino. Le neutrino est difficile à détecter ; il n'a été découvert qu'en 1956. C'est une minuscule charge d'énergie qui n'a ni masse ni charge électrique. Il existe encore bien d'autres particules élémentaires qui sont toutes instables et peuvent se transformer. Cette transformation se fait en minuscules fractions de seconde, selon une loi dite de conservation de la charge : la charge totale des particules reformées doit être égale à la charge totale des particules se désintégrant ensemble. Par exemple, un neutron qui se désagrège voit sa charge nulle équilibrée par la charge positive du proton et la charge égale, négative, de l'électron.

Qu'est-ce que l'énergie nucléaire ?

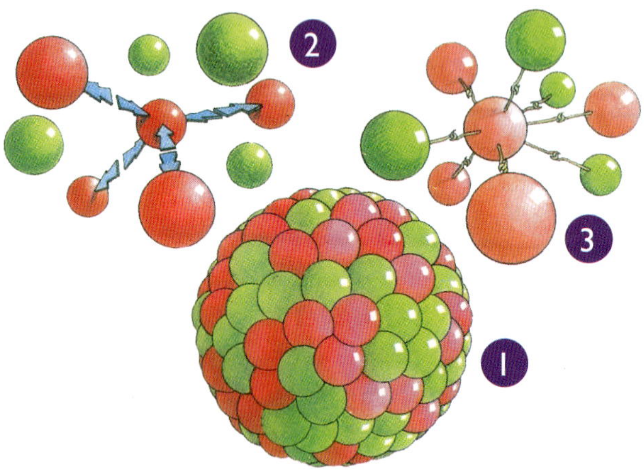

1. *Dans le noyau des atomes, les nucléons (protons en rouge et neutrons en vert) sont maintenus ensemble par la force nucléaire.*

2. *Les protons (en rouge), chargés positivement, se repoussent comme toutes les charges électriques du même signe. Cette énergie s'oppose à la force nucléaire.*

3. *Le noyau prend une forme sphérique sous l'effet de la tension de surface.*

C'est l'énergie qui provient de l'éclatement du noyau d'un atome. Le mot « nucléaire » vient du latin nucleus, noyau. Cette énergie est produite à partir d'un combustible, l'uranium, que l'on extrait des mines. Les plus importantes sont situées aux États-Unis, au Canada et en Afrique du Sud.

On introduit l'uranium à l'intérieur d'un réacteur, sorte de caisson étanche. On le bombarde avec des neutrons. Le noyau des atomes de l'uranium étant composé de neutrons et de protons, il se scinde en noyaux plus petits. Cette désintégration provoque une suite ininterrompue d'explosions qui dégage une énorme quantité de chaleur. Un gramme d'uranium dégage la même énergie que 2 tonnes et demie de charbon. C'est Albert Einstein (1879-1955) qui décrivit l'énergie contenue dans l'atome en 1905.

Une centrale atomique est-elle dangereuse ?

© Fotolia

Quand un atome éclate, il libère de l'énergie nucléaire et produit aussi des rayons dangereux : c'est ce qu'on appelle la radioactivité. On ne sent ni ne voit les radiations ; mais si on est exposé à une grande quantité de rayons radioactifs, on peut en mourir.

Pour éviter toute fuite de radiation, les scientifiques, conscients de ce danger, ont équipé les réacteurs des centrales atomiques de systèmes de protection étanches. Des appareils très sensibles installés près des réacteurs mesurent leur radioactivité, qui est continuellement surveillée. En outre, les centrales sont conçues pour résister aux chocs violents (comme la chute d'un avion), et aux catastrophes naturelles tels les tremblements de terre. Malgré cela, les centrales atomiques ont bien des opposants, en particulier les écologistes. Ils soulignent le fait que les moyens de surveillance n'évitent pas toujours de graves accidents, tel celui de l'incendie d'un réacteur de la centrale de Tchernobyl (Ukraine) en avril 1986. En outre, ils dénoncent les moyens utilisés pour se débarrasser des déchets des centrales (toujours radioactifs) dangereux pour l'environnement.

Que sont les radiations nucléaires ?

Les débuts de l'étude de la radioactivité ont été menés par le physicien français Henri Becquerel (1852-1908). Il s'aperçut que les sels d'uranium pouvaient former une image sur une plaque photographique. Il en déduisit que l'uranium émettait certaines radiations.

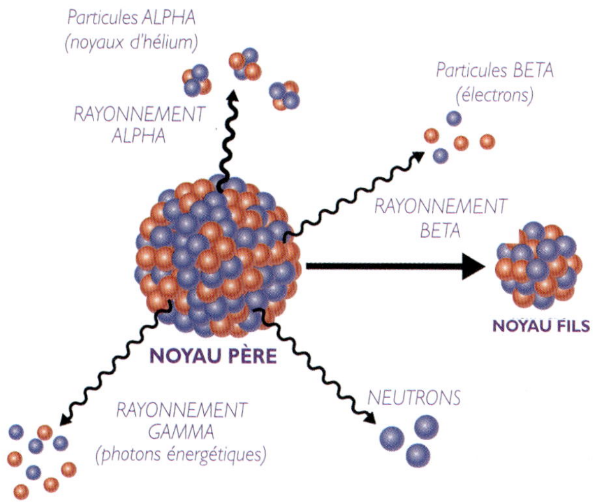

Schéma d'une désintrégation atomique naturelle (fission)

On détecte les radiations à l'aide du compteur de Geiger-Müller. Il est composé d'un cylindre métallique dans lequel on a fait le vide et dans l'axe duquel est tendu un fil de platine ou de tungstène. Ce cylindre est fermé par deux bouchons isolants où passe le fil. Dès qu'une particule ionisante pénètre dans le tube, une décharge se produit. On peut ainsi mesurer le rayonnement des corps radioactifs. On rencontre des rayonnements radioactifs dans l'atmosphère ; l'écorce terrestre et même notre corps renferment des substances radioactives.

Pourquoi parle-t-on de rayons lumineux ?

© Shutterstock

La lumière du Soleil

La lumière est une forme d'énergie véhiculée par les photons sous forme d'ondes, qui nous permet de voir ce qui nous entoure. Il existe plusieurs émetteurs de lumière. Le Soleil, les étoiles, les éclairs d'orage émettent de la lumière naturelle. Le feu de bois, la cire, toutes les sortes de lampes (à huile, à gaz, à pétrole, à l'argon, au sodium...) produisent de la lumière que l'on appelle artificielle.

Le Soleil est la plus grande source de lumière et de chaleur dont bénéficie notre planète. C'est la couronne du Soleil qui dégage une énorme quantité d'énergie, transformant, par une suite de réactions dans le noyau, l'hydrogène en hélium. La lumière du Soleil rayonne dans l'espace dans toutes les directions. Sans énergie solaire, la Terre serait glacée et sombre, aucun animal ne pourrait y survivre, aucune plante n'y pousserait. Comme le Soleil, les étoiles sont des sphères de gaz brûlant émettant lumière et chaleur. Mais elles sont beaucoup plus éloignées de nous que le Soleil ; on les aperçoit seulement la nuit par temps clair. De même, la Lune est aussi une source de lumière naturelle. Elle n'en émet pas par elle-même – puisqu'elle n'est pas une étoile –, mais elle réfléchit la lumière du Soleil. Selon sa rotation, nous voyons une part plus ou moins grande de sa surface éclairée par le Soleil. Enfin, on ne voit aucune lumière dans une pièce sans fenêtre, ni porte, ni orifice laissant passer le Soleil ou toute autre forme de lumière ; c'est l'obscurité ou absence de lumière.

Existe-t-il de la lumière que l'on ne voit pas ?

Une partie de l'énergie du Soleil est constituée de radiations invisibles, les infrarouges et les ultraviolets. Ce sont des rayons lumineux que l'on ne voit pas, mais que l'on peut percevoir sous forme de chaleur.

Les infrarouges maintiennent la Terre et l'atmosphère à une température qui leur est favorable. En ce qui concerne les ultraviolets, la Terre en reçoit peu, mais ceux qui nous parviennent ont des effets bénéfiques sur notre santé. Ils donnent à notre peau la vitamine D, nécessaire à la formation des os. Ils lui permettent également de bronzer à condition de s'exposer raisonnablement pour ne pas être brûlé par ces rayons, bien que cette activité soit nocive pour la peau.

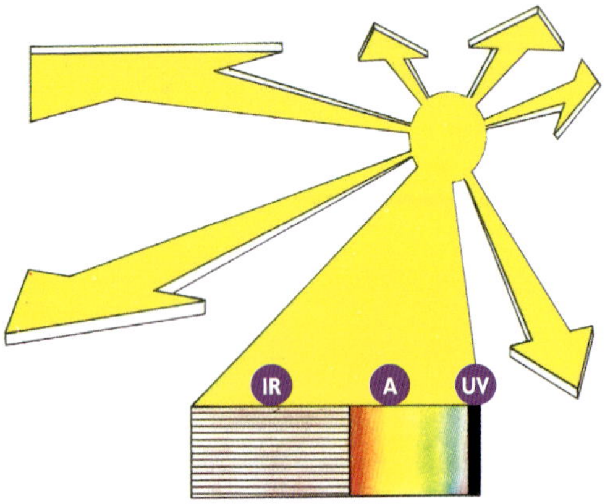

Le rayonnement solaire est constitué d'ondes électromagnétiques qui vont des rayons gamma aux ondes radio. Entre les deux, se situe le spectre solaire : 55 % d'infrarouge (IR), 42 % de lumière visible (A) et 3 % d'ultraviolet (UV).

Pourquoi voit-on les couleurs ?

© Fotolia

La couleur est un des aspects essentiels de la lumière. Il y a trois cents ans, Isaac Newton a réalisé l'expérience suivante : il a fait passer un rayon de lumière blanche (un rayon de la lumière du jour) à travers un prisme de verre. Il a vu apparaître sept couleurs : rouge, orange, jaune, vert, bleu, indigo et violet (six en réalité). L'ensemble de ces couleurs s'appelle le spectre de la lumière.

Ce sont les couleurs qui forment un arc-en-ciel. Ce dernier est créé quand des gouttes d'eau traversées par les rayons du Soleil jouent le rôle de petits prismes de verre. Notre œil perçoit les couleurs que les objets qui nous entourent renvoient (alors qu'ils absorbent les autres couleurs du spectre). Ce sont donc des couleurs réfléchies. Par exemple, une pomme semble rouge parce qu'elle absorbe toutes les couleurs, sauf le rouge, qu'elle renvoie. Un objet qui absorbe toutes les couleurs du spectre sans en renvoyer aucune nous paraît noir. Le noir est une absence de couleur et on ne peut voir les objets noirs que par contraste avec les objets de couleur qui les entourent.

© Shutterstock

Un rayon de soleil qui traverse un prisme en ressort de toutes les couleurs.

Peut-on faire un arc-en-ciel chez soi ?

Il suffit de prendre un prisme – un morceau de verre taillé en triangle sans bulles ni défauts – et de le placer dans un rayon de soleil. Ce dernier va traverser ce prisme et la lumière va en ressortir sous forme de rayons de couleurs différentes.

Chaque couleur ayant sa longueur d'onde particulière, le prisme va les séparer en les déviant chacune selon un angle différent, ce qui permet de les voir individuellement. Lorsque les couleurs traversent un prisme, elles sont déviées à l'entrée et à la sortie. Elles sortent étalées en bandes et juxtaposées. Ainsi, on peut avoir un arc-en-ciel chez soi.

Comment voit-on à l'intérieur du corps ?

Pour prendre une photo de l'intérieur du corps, on place une personne entre une source faible de rayons X et une pellicule. On obtient la photographie de son squelette – les rayons X traversent la peau, la chair, mais non les os. Cette photo est précieuse pour aider les médecins à détecter les malformations osseuses et les fractures.

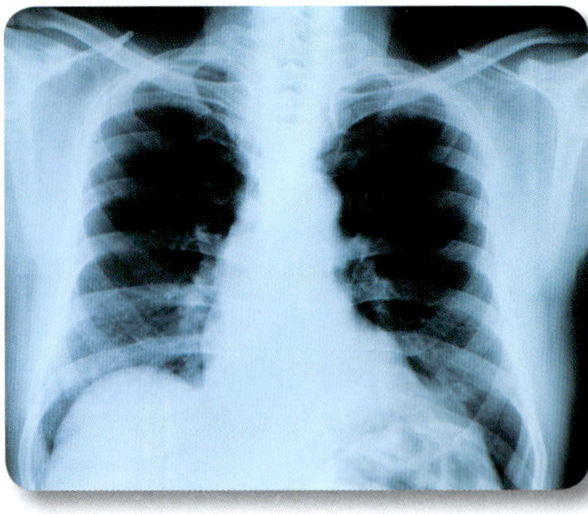

© Shutterstock

Voici l'intérieur du corps humain, vu grâce aux rayons X.

Les scientifiques ont construit des appareils générateurs de rayons X. Ils envoient des faisceaux de rayons X comme un flash envoie des faisceaux de lumière visible. Lorsque les rayons X sont émis vers un corps humain, ils le traversent comme la lumière passe à travers un verre (à la différence des ondes lumineuses qui ne le traversent pas). Les rayons X impressionnent la pellicule photographique. Les photos aux rayons X, appelées des radiographies, sont utilisées aussi par les dentistes pour vérifier la croissance des dents et détecter les caries.

© Shutterstock

Des rayons laser animent la nuit de Singapour.

À quoi sert un rayon laser ?

Depuis leur découverte, les rayons laser ne cessent de trouver des utilisations dans les domaines les plus variés.

On utilise les rayons laser pour forer des trous dans le métal, pour souder ou couper des objets minuscules. Le rayon laser le plus performant peut traverser les métaux les plus durs ; il peut même tailler le diamant ! Dans le domaine de la médecine, les rayons laser permettent de réaliser des interventions chirurgicales d'une extrême précision. Les chirurgiens l'utilisent à la place d'un bistouri pour des opérations délicates (dans les yeux, sur les cordes vocales…). Les ingénieurs s'en servent pour mesurer les distances avec une grande précision. On a pu ainsi déterminer la distance de la Terre à la Lune au centimètre près. Ils sont aussi utilisés dans le système de télécommunication par fibres optiques. Depuis ces dernières années, ils font partie de la vie courante. Les lecteurs de disques compacts (CD) possèdent un laser de faible puissance. Le faisceau laser a remplacé la pointe de lecture des anciens électrophones.

Comment une onde se propage-t-elle ?

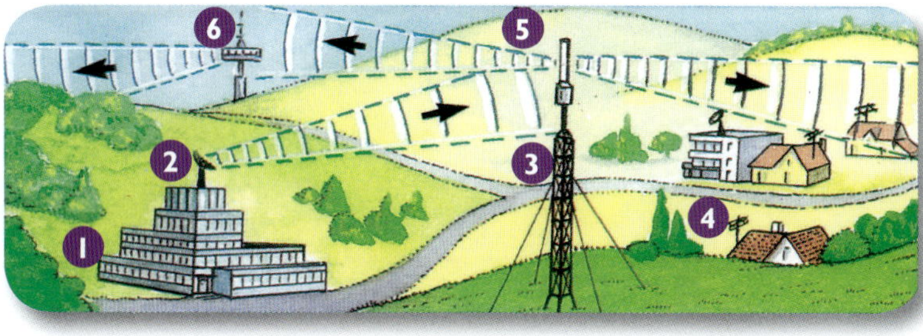

Les ondes TV, qu'elles soient d'anciennes émissions analogiques comme par le passé ou maintenant numériques, ne se propagent qu'en ligne droite.

Du studio de télévision **(1)***, les émissions sont envoyées par une petite antenne* **(2)** *ou par des câbles vers l'antenne principale* **(3)** *; celle-ci renvoie les ondes dans l'espace où elles sont captées par les antennes individuelles* **(4)***. Lorsqu'il y a des montagnes* **(5)***, celles-ci font écran et arrêtent les ondes TV ; on a alors recours à des réémetteurs* **(6)***, pour que les gens qui habitent derrière puissent quand même recevoir les émissions de télévision. Mais comme on ne peut pas installer partout des réémetteurs, les personnes qui habitent dans certaines vallées doivent s'équiper d'antennes spéciales pour capter les satellites, comme de petites antennes paraboliques.*

Tout objet qui vibre produit des sons. Ces ondes sonores parviennent à nos oreilles grâce à l'air qui les transporte. Les ondes sonores ne peuvent se propager que dans l'air. Leur vitesse est de 340 mètres par seconde, tandis que les ondes lumineuses (la lumière) parcourent 300 000 kilomètres par seconde, se propageant, elles, aussi bien dans l'air que dans l'espace.

Lorsqu'un émetteur (ou oscillateur électrique) produit un courant électrique aux vibrations très rapides, ces dernières – dites ondes hertziennes – sont de même nature électromagnétique que la lumière, mais elles sont invisibles. Ces vibrations peuvent circuler le long des fils électriques ou grâce à une antenne. Celle-ci transforme les vibrations, créant un champ électromagnétique étendu sur des milliers de kilomètres.

Comment capte-t-on une onde ?

On capte une onde à l'aide d'une antenne. Une antenne peut être formée par une tige, un mât ou un grillage métallique. Pour capter des signaux de télévision, elle peut être ronde, en forme d'assiette d'une cinquantaine de centimètres utilisée pour capter une émission de télévision jusqu'à plusieurs dizaines de mètres et pour recevoir les très faibles signaux en provenance de l'espace.

Les ondes arrivent jusqu'à l'antenne et y produisent un léger courant électrique. Le courant descend le long d'un câble, jusqu'au poste récepteur où il est converti en son. L'antenne capte indistinctement les ondes provenant d'émetteurs différents. Elles ne se mélangent pas car chacune a une fréquence différente – la fréquence étant le nombre de vibrations par seconde. Il faut ensuite sélectionner une longueur d'onde dans l'une des quatre catégories suivantes : grandes ondes, petites ondes, ondes courtes et modulation de fréquence. Quelle que soit leur forme, les antennes peuvent aussi bien recevoir qu'émettre. Certaines antennes émettent et reçoivent en même temps ; ce sont les antennes radar.

Qu'est-ce qu'une micro-onde ?

Les futures centrales solaires en orbite autour de la Terre enverront l'énergie du Soleil vers le sol grâce aux micro-ondes que nous connaissons tous.

Les micro-ondes sont des ondes électromagnétiques émises sous forme de faisceaux très fins dont la longueur d'onde est comprise entre 300 MHz – 300 mégahertz, c'est-à-dire 300 millions de hertz – et 300 000 MHz. On se sert de ces ondes pour transmettre, entre autres, les signaux de télévision.

Un Américain, Percy LeBaron Spencer, constata que les tubes électromagnétiques utilisés pour les radars produisaient de la chaleur. Il eut l'idée de placer des grains de maïs dans un sac en papier et mit ce sac dans le champ d'un tube : les grains se transformèrent en pop-corn. Il déposa alors le brevet de ce qui allait être le premier four à micro-ondes, le 8 octobre 1945. Cet appareil avait une puissance de 1 600 watts. Destiné aux hôpitaux et aux cantines, il était encombrant et très cher. Il fallut attendre 1967 pour que le premier four à micro-ondes destiné aux familles soit mis sur le marché. Le four à micro-ondes a trois fonctions : décongélation, cuisson très rapide et envoi de chaleur pulsée.

Comment mesure-t-on la température ?

On mesure la température avec un thermomètre. Cet appareil est constitué d'un tube de verre contenant un liquide – le plus souvent du mercure ou de l'alcool coloré – qui monte ou descend selon la température.

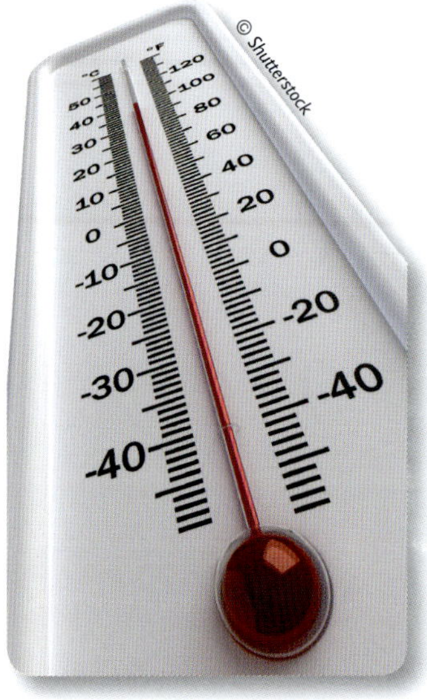

© Shutterstock

Tous les thermomètres sont fondés sur le principe de la dilatation des corps à la chaleur. Lorsque la température s'élève, le liquide se dilate, son volume augmente. Il prend alors plus de place et monte à l'intérieur du tube. Lorsque la température baisse, le contraire se produit : le liquide descend. Le long du tube sont inscrits des chiffres. Ils partagent le tube en petites sections : les degrés. Leur symbole est un petit cercle placé à côté du nombre de degrés : par exemple, 20 °C. Par convention, l'eau gèle à 0 °C et bout à 100 °C. Les thermomètres mesurent la température d'une pièce, la température extérieure (le plus souvent sous abri) et la température du corps. Les premiers thermomètres pour mesurer la température du corps étaient des thermomètres à eau, inventés en 1626 par le médecin Santorio. Ils étaient peu commodes et ont été perfectionnés par la suite.

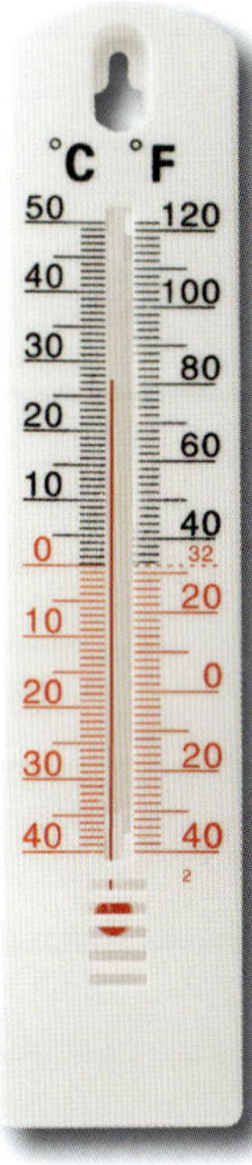

© Shutterstock

Thermomètre avec les mesures en degrés Celsius et degrés Fahrenheit

Que signifie la lettre C placée après les degrés ?

C'est le savant suédois Anders Celsius (1701-1744) qui eut l'idée de fixer une échelle de mesure de la température. Il inventa la gradation en degrés, dits degrés Celsius, dont l'abréviation est C (initiale de Celsius).

Les deux points de référence sont la température de la glace fondue et la température à laquelle l'eau bout. Cet intervalle est divisé en cent degrés égaux. Il existe aussi une autre échelle de mesure de la température qui s'écrit F, du nom du savant allemand Daniel Gabriel Fahrenheit (1686-1736) ; il perfectionna le thermomètre en utilisant le mercure plutôt que l'alcool. Dans cette nouvelle graduation, le 0 °C correspond à 32 °F, et les 100 °C correspondent à 212 °F. Cette échelle de température est utilisée dans les pays anglo-saxons. Les deux échelles, Celsius et Fahrenheit, indiquent la même chose : la température qu'il fait à l'endroit où est placé le thermomètre. Pour mesurer les basses températures, on remplace le mercure par un liquide qui ne peut pas geler – le plus souvent du toluène ou du pentane. Quand on trouve un nombre en degrés sans le C ou le F, c'est qu'il s'agit de mesure d'angle. Par exemple, pour écrire la mesure d'un angle droit on mettra 90°, mais pour de l'eau sur le point de bouillir, on écrira 90 °C.

Pourquoi est-ce que l'air chaud monte ?

L'air est constitué de gaz invisibles : l'azote, l'oxygène, le gaz carbonique et l'argon. Plus l'air est chaud, plus il est léger. C'est pourquoi l'air chaud monte.

Cela explique aussi le phénomène des vents. Sous les tropiques, le Soleil réchauffe l'air ; l'air chaud s'élève, d'autres masses d'air viennent le remplacer sous forme de vents. Ces déplacements d'air en provoquent d'autres, créant des courants tout autour de la Terre. Dans une pièce, un radiateur réchauffe l'air qui l'environne. L'air s'élève au plafond, créant un vide au niveau du sol. Ce vide est comblé par de l'air froid qui vient de tous les côtés de la pièce. Cet air se réchauffe lorsqu'il se rapproche du radiateur et s'élève. Ce mouvement – dit de convection – ressemble à celui des vents. C'est comme un vent très léger qui répandrait la chaleur du radiateur dans toute la pièce.

© Shutterstock

L'air est chauffé par un foyer situé sous le ballon, permettant à la montgolfière de s'élever dans le ciel et de s'y maintenir.

Qu'est-ce que l'électricité ?

Ce sont les lignes à haute tension du réseau national qui transportent l'énergie électrique de la centrale jusqu'à l'utilisateur, qu'il soit une entreprise, un quartier ou un particulier. Les lignes aériennes haute tension (400 000 volts) sont soutenues par des pylônes pouvant atteindre jusqu'à 50 m de haut.

C'est une forme d'énergie produite par le déplacement des électrons. 600 ans avant Jésus-Christ, le philosophe grec Thalès remarquait que l'ambre frotté attirait des corps légers. La première découverte de l'électricité était faite.

Mais on se demandait encore ce qui libérait une charge électrique. Dans certains corps – les métaux en particulier, où les électrons sont très légèrement liés aux atomes –, il est facile de libérer et de faire circuler ces électrons. C'est pourquoi on utilise des fils métalliques qui sont bons conducteurs pour faire circuler l'électricité. Il y a deux sortes d'électricité. La première, dite statique, ne se traduit pas par un courant électrique permanent. Elle se forme sur un objet, dans les nuages (ce qui provoque les éclairs). Elle se produit également lorsqu'on frotte certaines matières, provoquant ainsi des étincelles. Le principe de base de l'électricité statique est que les charges opposées s'attirent et que les charges contraires se repoussent. Cette loi sur les forces qui existent entre les particules a été découverte par le physicien français Charles-Augustin Coulomb (1736-1806). La seconde forme d'électricité est l'électricité dynamique ; elle est due au déplacement de l'électricité dans des conducteurs qui induit un courant. C'est l'Italien Volta qui prouva que l'électricité se déplace grâce à des conducteurs.

Comment fonctionne une pile électrique ?

Une pile électrique est un générateur de courant électrique, agissant par réaction chimique. Une réaction se produit lorsque deux corps chimiques mis en association se transforment en d'autres corps chimiques.

Une pile contient en général trois corps chimiques. L'un d'eux, l'électrolyte, fait réagir les deux autres. Dans cette réaction, l'un des corps finit par avoir trop d'électrons. Il a une charge négative. Tandis que l'autre finit par en manquer et a donc une charge positive. Quand les corps chimiques sont porteurs de charge électrique, il se produit un courant électrique. La plupart des piles sont dites sèches : à l'intérieur, les produits chimiques sont sous forme de pâte ou de gel. Ces produits ne coulent pas, d'où le nom de piles sèches. Il existe aussi des piles hydroélectriques dans lesquelles les produits sont liquides. C'est le cas des batteries (ou accumulateurs) de voiture. Ces piles sont rechargeables. Dans un laboratoire en Angleterre, il existe une pile fonctionnant depuis 1840, fournissant ainsi un faible courant depuis plus de 170 ans !

Les piles électriques évoluent très vite : elles sont plus puissantes et moins dangereuses pour la nature car elles contiennent moins de mercure.

De quoi l'eau est-elle composée ?

L'eau est composée d'hydrogène et d'oxygène. Sa formule chimique est H2O, car chaque molécule comporte deux atomes d'hydrogène pour un atome d'oxygène.

La molécule d'eau est composée d'atomes différents : deux atomes d'hydrogène pour un d'oxygène ; l'ensemble se forme par mise en commun des électrons périphériques de chacun.

À une température de 100 °C, l'eau bout. Ses molécules se séparent. L'eau liquide se change en gaz ou vapeur d'eau. La vapeur s'élève et se mélange à l'air. À une température de 0 °C, point de congélation de l'eau, les molécules se retrouvent liées les unes aux autres mais elles peuvent bouger. L'eau devient un solide : la glace. Lorsqu'un patin prend appui sur la glace, la pression du patin entraîne la formation d'une fine pellicule d'eau (fonte de la couche superficielle), quelle que soit la température. C'est cette pellicule qui rend la glace si glissante. Plus la température est basse, plus la pression doit être forte. Certaines planètes ont un sol formé de glace tellement froide qu'elle en devient dure comme du roc. L'eau forme un cycle permanent. Lorsqu'elle s'évapore, elle rencontre l'air froid et se condense sous forme de brouillard ou de nuage. Par précipitations, cette eau redevient pluie, prête à s'évaporer de nouveau.

Qu'est-ce qu'un liquide ?

Dans un liquide, les liens entre les atomes sont assez faibles ; ils peuvent bouger facilement. C'est pour cette raison que le liquide coule.

Lorsqu'on chauffe un liquide, il se dilate. On le voit dans un thermomètre lorsqu'on en chauffe le bout, les atomes du mercure – métal liquide à notre température – s'écartent les uns des autres : le liquide se dilate et monte dans le tube. Si on prend de la glace et qu'on la réchauffe, elle va fondre et diminuer de volume jusqu'à ce que l'eau atteigne une température de 4 °C. Ce qui veut dire que jusqu'à 4 °C, l'eau possède une densité maximum et un volume minimum. Tous les liquides se transforment en vapeur si on les chauffe suffisamment.

Pourquoi un aimant attire-t-il le fer ?

© Shutterstock

Il y a plus de 2 500 ans, les Grecs avaient découvert une roche, la magnétite, qui attirait les objets en fer et en acier, et leur communiquait son pouvoir d'attraction. De nos jours, les aimants ne sont plus des roches naturelles : on les fabrique industriellement.

Un aimant est un petit barreau de fer ou d'acier – parfois recourbé en forme de fer à cheval. L'aimant est entouré d'un champ de force magnétique ; il attire les objets en fer. Sa force d'attraction est plus grande à ses extrémités, que l'on appelle pôles. Ces pôles magnétiques nord et sud peuvent être déterminés en plaçant des parcelles de fer limé autour de l'aimant. Elles s'organisent en une sorte de figure, formant des spectres magnétiques. Quel que soit l'endroit où les aimants sont placés, ils s'orientent toujours de la même façon, dans la direction nord-sud. C'est grâce à cela que l'on a pu inventer les compas magnétiques et les boussoles. Seuls les métaux contenant du fer, du cobalt ou du nickel sont attirés par l'aimant. Les objets en bois, verre, cuivre, argent ou plastique ne subissent pas l'attraction magnétique de l'aimant.

Qu'est-ce que le mur du son ?

La plupart des avions volent à une vitesse inférieure à celle du son, qui est de 340 mètres par seconde. Ils sont entourés d'ondes sonores ; leur vitesse est dite subsonique. Mais d'autres avions dépassent la vitesse du son ; ils sont supersoniques.

Le Concorde fut le seul avion de ligne à voler à deux fois la vitesse du son.

© Graham Bloomfield / Shutterstock.com

Le Concorde, par exemple, volait à une vitesse égale à deux fois la vitesse du son. L'avion précède alors les ondes sonores. Quand sa vitesse atteint 1 100 kilomètres à l'heure, il se heurte à une résistance, appelée le mur du son. Lorsque l'avion franchit ce mur, on entend un double bang provenant de deux ondes de choc, l'une à l'avant, l'autre à l'arrière de l'appareil. Le mur du son a été franchi pour la première fois le 14 octobre 1947 par l'Américain Chuck Yeager, sans que son appareil soit disloqué sous l'effet des vibrations.

Comment mesure-t-on les sons ?

On le fait avec des appareils mesurant l'intensité (ou la puissance) des ondes sonores. L'unité de mesure est le décibel, qui s'écrit dB.

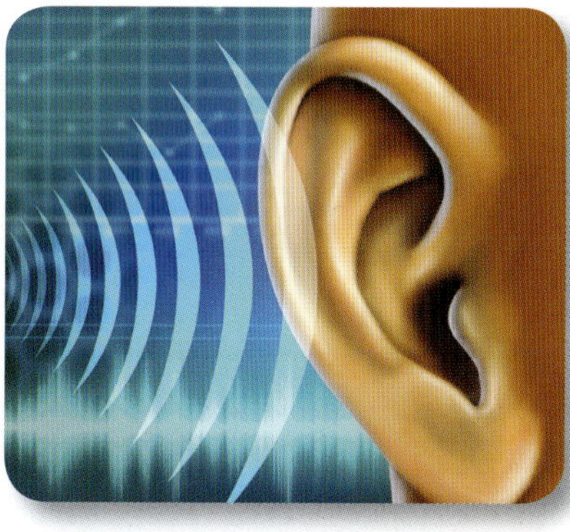

Une oreille supporte les bruits jusqu'à 120 dB. Un bruissement de feuilles de papier est de 10 dB environ, un bruit de conversation peut se situer entre 20 et 50 dB ; le passage d'un train entre 65 et 90 dB, un avion à réaction au décollage entre 110 et 140 dB, une fusée au décollage entre 140 et 190 dB. À partir de 90 dB, le seuil de la douleur est atteint, au-delà duquel des lésions peuvent apparaître. Il y a des sons que notre oreille ne perçoit pas. Ce sont des sons trop graves pour être entendus, les infrasons, ou trop aigus, les ultrasons. Certains animaux sont sensibles aux ultrasons. La chauve-souris, qui voit très mal, se déplace grâce aux sons qu'elle émet et qui lui reviennent en écho. De même les dauphins se déplacent dans la mer grâce à leur perception des ultrasons.

Pourquoi un son aigu peut-il sembler devenir grave ?

Un son est grave ou aigu selon le nombre de vibrations par seconde. Un sifflet émet des vibrations rapides, une corne de brume en émet des lentes. Le son le plus grave qu'une oreille humaine puisse percevoir est d'environ 20 000 hertz, le hertz (abrégé en Hz) désignant le nombre de vibrations par seconde. Le son le plus aigu perceptible est de 16 Hz.

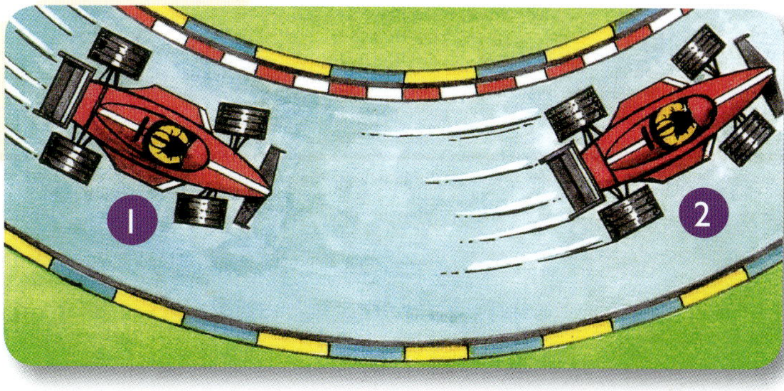

Si une source sonore est en mouvement, sa fréquence s'en trouve modifiée. Ainsi, sur un circuit, la voiture qui s'approche (1) émet-elle un son plus aigu que lorsqu'elle s'éloigne (2) du spectateur.

On peut modifier la hauteur du son d'un instrument à cordes en raccourcissant ou en allongeant la corde que l'on fait vibrer – ou en appuyant à différents endroits sur la corde, la partie vibrante de la corde étant modifiée. Dans le cas d'un instrument à vent (comme la flûte), on fait varier le son en bouchant des trous différents. La fréquence d'un son peut aussi se modifier toute seule si la source sonore est en mouvement par rapport à celui qui l'écoute : ainsi le bruit d'une voiture qui vient vers nous est plus aigu que lorsqu'elle s'éloigne, plus grave. Ce phénomène est appelé « effet Doppler », du nom de son découvreur.

Pourquoi voit-on mieux avec des lunettes ?

© Fotolia

Seuls les gens qui ont un défaut de vision voient mieux avec des lunettes.

Lorsque les ondes lumineuses entrent dans l'œil, elles traversent la cornée – face antérieure de l'œil, recourbée –, puis le cristallin. Ces deux éléments forment une sorte de lentille qui concentre les ondes lumineuses. Ainsi, l'image formée sur la partie intérieure de l'œil est nette. Il arrive que le cristallin présente une anomalie. On a alors recours à des verres de lunettes – ou à des verres de contact – qui sont des lentilles effectuant une partie du travail que la cornée et le cristallin ne peuvent plus fournir. Elles focalisent ou courbent les ondes lumineuses. Ces ondes arrivent au bon endroit de la partie postérieure de l'œil et l'image est ainsi beaucoup plus nette. Autrefois, les lunettes, appelées lorgnons, se pinçaient sur le bout du nez. Les lunettes n'ont des branches que depuis 1746. Les verres de lunettes incassables datent seulement de 1971.

Qu'est-ce que le feu ?

Le feu est produit par un corps dit combustible au contact de l'oxygène de l'air. Mais pour qu'il s'enflamme, il faut lui apporter de la chaleur – soit par frottement (comme avec des allumettes), soit par une étincelle (les briquets), soit par une autre flamme (les bougies par exemple). Le corps brûle, c'est-à-dire qu'il se combine avec de l'oxygène pour se transformer en gaz brûlants. La combustion de l'oxygène donne du dioxyde de carbone. Pour s'entretenir, le feu a besoin de deux éléments : un combustible et un gaz, l'oxygène.

© Shutterstock

En été, le Sud de la France – ici, dans la région de Cassis (près de Marseille) – subit le fléau des incendies de forêts.

Le feu existe à l'état naturel sur la Terre ; il sort par l'orifice des volcans ou par des fractures du sol, sous forme de flammes hautes et violentes. Domestiqué il y a environ 750 000 ans, le feu est un élément essentiel de la vie. Grâce à lui, il nous est possible de nous éclairer, de nous chauffer, de faire cuire nos aliments, de faire fondre des métaux. Mais lorsqu'il n'est pas maîtrisé, il est très dangereux. Les incendies détruisent tout : les forêts, les maisons, les usines…

Quelles sont les couleurs des flammes ?

© Fotolia

Les flammes ne sont pas toutes semblables ; elles peuvent être jaunes, rouge et jaune, rouge et bleue, ou bleues. Elles ont une couleur différente selon le combustible.

Les combustibles peuvent être des solides (le bois, le charbon, la matière plastique...), des liquides (huile, essence, pétrole, alcool...) ou des gaz. Plus la flamme est jaune, moins elle est chaude, car elle contient des produits qui n'ont pas brûlé, apparaissant sous forme de fumée. Plus une flamme est bleue, plus elle est chaude. La flamme est une masse de gaz brûlants portés à l'incandescence lors de la combustion d'un corps. La réaction entre le gaz issu de ce corps combustible et l'air ou un autre oxydant dégage une chaleur considérable. Cette chaleur émet des rayonnements, ce qui explique les couleurs de la flamme, qui varient selon la température des gaz. On distingue généralement dans une flamme trois régions, chacune avec sa couleur propre : la zone de réaction, où se produit la combustion, de teinte bleutée car très chaude, encadrée par une zone de gaz dite « polluée » par les produits de la combustion, de couleur orange, et enfin une zone supérieure, également qualifiée de « polluée » par les résidus, mais beaucoup plus pauvre en gaz combustible et plus riche en air ; plus froide, cette partie est jaune.

Qu'est-ce qu'un gaz ?

© Songquan Deng / Shutterstock.com

Dans toutes les grandes villes – comme ici à Las Vegas, capitale américaine du jeu – brillent les publicités lumineuses : ce sont des gaz de nature différente (mercure, néon, sodium) qui donnent chacun une couleur spécifique.

Presque tous les éléments peuvent être solides, liquides ou gazeux selon la température. Un solide chauffé devient un liquide. En bouillant, un liquide se transforme en gaz.

Dans les gaz, les molécules – ou les atomes – sont faiblement liées. Elles peuvent se séparer ; c'est pour cela que les gaz sont légers, volatiles et ont une faible densité. Ils sont caractérisés par leur volume, leur température et leur pression. Un gaz étant compressible, une masse gazeuse peut facilement voir son volume modifié. Il est aussi expansible (car un gaz tend à occuper entièrement l'espace qui lui est offert). Le Soleil est une énorme boule de gaz incandescent dont la température est si élevée que ce gaz, chauffé à blanc, produit lumière et chaleur. Le gaz naturel vient du sol, comme le pétrole ; on le nomme ainsi car il est formé de manière naturelle – contrairement aux autres gaz, fabriqués dans des usines de gaz. À très basse température, certains gaz dont on augmente considérablement la pression se liquéfient. C'est grâce à ce procédé que les hydrocarbures saturés, normalement des gaz, sont vendus en bouteilles : le butane et le propane.

Qu'est-ce que l'Univers ?

L'Univers est en perpétuel mouvement. On voit ici deux galaxies qui entrent en collision. De nombreuses étoiles périront au cours de ce cataclysme cosmique, mais beaucoup d'autres naîtront.

C'est l'ensemble de toute la matière, des étoiles et des planètes, les galaxies, les corps célestes – le merveilleux spectacle du ciel par nuit claire –, le Soleil, la Lune, la Terre, ce qui nous échappe à l'œil nu, ce que l'on ne peut voir qu'au télescope et qui forme un tout.

L'Univers, dans lequel il n'y a pas de centre et dont les limites nous sont inconnues, est parsemé de milliards de galaxies de grandeurs et de formes variées. Les galaxies contiennent des milliards d'étoiles, depuis les supergéantes jusqu'aux naines blanches. En 1929, l'astronome Hubble découvrit que les galaxies s'éloignent à grande vitesse les unes des autres, comme si tout l'Univers était en expansion, à l'image d'un ballon qui se gonflerait sans fin. Sa forme est courbe à cause de la force de gravité universelle. L'Univers est donc constitué de systèmes stellaires et d'amas de matières spatiales, d'éléments solides, liquides et gazeux très précisément combinés.

Quelle est la taille de l'Univers ?

Les plus puissants télescopes n'ont pas atteint l'horizon perceptible de l'Univers. En effet, ses limites reculent à mesure que la puissance de notre instrument d'optique augmente.

Il n'y a ni haut ni bas, ni gauche ni droite dans l'Univers. Toutes les galaxies s'éloignent les unes des autres à une vitesse extraordinaire ! Les systèmes stellaires connus les plus lointains se trouvent à plus de 12 milliards d'années-lumière et nos meilleurs instruments ne parviennent qu'à grand-peine à les distinguer. On ignore si l'Univers a des limites, mais on sait déjà qu'il a évolué au fil du temps car il n'a pas toujours présenté la même apparence : il a connu des phases d'expansion et peut-être subira-t-il, en un deuxième temps, une phase de contraction ?

Qu'est-ce qu'une galaxie ?

Le centre de notre galaxie nous est masqué par un énorme nuage de poussières – comme celui qui nous cache une partie de la source Centaurus A.

C'est un ensemble d'étoiles liées par la gravité. Une galaxie peut contenir des millions, voire des milliards d'étoiles tournant autour du centre de gravité. La Voie lactée, qui est en forme de spirale avec plusieurs bras, est notre galaxie.

Au télescope, une galaxie ressemble à une île. Il y en a des millions dans l'Univers. Les scientifiques les classent traditionnellement selon leurs formes. Elles sont spirales, elliptiques ou irrégulières, et s'éloignent les unes des autres à grande vitesse dans l'espace en expansion. Trois galaxies sont visibles de la Terre à l'œil nu : la grande galaxie d'Andromède, observable depuis l'hémisphère Nord, est l'objet visible à l'œil nu le plus éloigné dans le ciel. De l'hémisphère Sud, on peut voir les deux Nuages de Magellan, dont le Grand Nuage qui est la galaxie la plus proche de la nôtre. Bien sûr, on voit aussi notre propre galaxie, la Voie lactée.

D'où le nom de Voie lactée provient-il ?

Ce sont les Grecs qui appelèrent Voie lactée cette arche de lumière blanchâtre d'apparence laiteuse qu'est la trace laissée par notre galaxie dans le ciel. Son diamètre est de presque cent mille années-lumière. Le Soleil ne se trouve nullement au centre de la galaxie comme on l'a cru très longtemps, mais plutôt à sa périphérie, à environ un tiers du bord.

Photographie de la Voie lactée, notre galaxie

On a très longtemps confondu Univers et Voie lactée. Les hommes pensaient que l'Univers se réduisait à la Voie lactée que l'on croyait infinie. Notre Soleil est l'une des 100 milliards d'étoiles qui composent ce système en forme de disque avec deux bras connu sous le nom de Voie lactée. Celle-ci est une galaxie spirale, c'est-à-dire qu'en son centre se trouve un noyau brillant en forme de disque aplati – nommé le bulbe – d'où partent plusieurs bras en spirale. Le Soleil et toutes les autres étoiles tournent autour du centre galactique. Le bulbe regroupe un ensemble d'un milliard d'étoiles beaucoup plus âgées que le Soleil. Dans notre galaxie, il se produit un continuel renouveau d'étoiles, mais la structure en spirale reste vraisemblablement inchangée. C'est la force de gravitation qui assure la cohésion de cette spirale.

Un trou noir

© Shutterstock

Qu'y a-t-il au centre de la galaxie ?

À vrai dire, les scientifiques ne savent pas très bien ! Le cœur de la galaxie reste mystérieux. Il contient d'immenses nuages de poussières, des étoiles rouges (et non pas bleues) et, effectivement, un trou noir super-massif, dont l'existence est prouvée par ses émissions radio.

Le centre de la Voie lactée se situe à environ 25 000 années-lumière de la Terre. Les plus puissants télescopes ne voient pas cette région car elle nous est masquée par d'épais nuages de poussières. Seuls les ondes radio et les rayons infrarouges arrivent à traverser cette barrière. Pendant longtemps, on a cru que le centre de la galaxie était occupé par un trou noir. En fait, celui-ci se trouve à plus de 300 années-lumière du centre de la galaxie. Les instruments se perfectionnant, on a détecté en infrarouge et par radioastronomie une source appelée Sagittarius A* que l'on a ensuite pu séparer en une vingtaine d'étoiles très proches les unes des autres – à tel point que si l'une d'elles avait un système planétaire, celui-ci serait détruit en moins de 100 millions d'années par les forces de gravitation exercées par les étoiles voisines. On ne sait si un trou noir se cache parmi ces étoiles de plus de 30 000 °C en surface, brillant chacune comme 100 000 Soleils, mais le centre de la galaxie contient bien un de ces astres super-massifs.

Qu'est-ce qu'une étoile ?

Toutes les étoiles visibles à l'œil nu appartiennent à notre galaxie. Leur taille apparente dépend de leur taille réelle et de la distance à laquelle elles sont situées. Toutefois, tous les points lumineux qui scintillent dans le ciel ne sont pas des étoiles. Les cinq planètes de notre Système solaire visibles à l'œil nu ressemblent à des étoiles. On peut aussi voir certains satellites et la Station spatiale internationale quand ils sont éclairés par le Soleil.

Il est fréquent qu'une étoile double soit composée d'une géante rouge et d'une naine blanche. On visualise très bien ici les différences de taille.

Chaque étoile est comme le Soleil, une énorme boule de gaz très dense et très chaude. Presque toutes les étoiles sont constituées d'hydrogène, d'hélium, avec quelques éléments comme le fer, le silicium et d'autres métaux. Seules les quantités de ces éléments varient. Pour se maintenir en vie, l'étoile lutte contre sa propre force de gravité grâce à un puissant rayonnement dû aux réactions nucléaires qui se déchaînent dans son cœur en transformant l'hydrogène en hélium. Jusqu'à la mort de l'étoile, ces deux forces opposées resteront égales. À l'exception du Soleil, elles sont si éloignées de nous qu'elles paraissent immobiles alors qu'elles se déplacent à grande vitesse. Il existe aussi des milliers d'étoiles doubles. Ce sont deux étoiles voisines qui tournent l'une autour de l'autre. Mizar, une des étoiles de la Grande Ourse, est double. Elle est si éloignée de la Terre que, sans télescope, on ne peut pas voir qu'il y en a deux. Il existe aussi des étoiles triples et des amas d'étoiles.

Quelle est l'étoile la plus proche ?

Le soleil

C'est le Soleil. Il est à 150 millions de kilomètres de la Terre et à mi-chemin environ entre le centre de la Voie lactée et ses confins. Ensuite, la première étoile hors du Système solaire est Proxima du Centaure, qui se trouve à 4,2 années-lumière.

Le Soleil est une très modeste étoile. Son diamètre n'est que de 1 390 000 km. C'est pourtant le plus gros objet du Système solaire. S'il était creux, plus d'un million de Terres y tiendraient. Si nous en étions plus près, il nous brûlerait ; plus éloigné, il ferait si froid que toute vie serait impossible sur notre planète.

Pourquoi le Soleil est-il si brillant ?

Le Soleil est une boule de gaz incandescents. De cette fournaise nucléaire gigantesque, nous ne captons pourtant qu'une infime partie de la très vive lumière qu'elle émet. Les autres étoiles étant trop éloignées, le Soleil est la seule étoile dont on peut étudier la surface en détail.

L'éblouissante surface du Soleil, la photosphère à 5 800 °C, est piquetée de zones brillantes et de taches sombres. Traversant la chromosphère, de grandes protubérances jaillissent et retombent en pluie de gaz. La couronne, qui est l'enveloppe de gaz la plus externe et la plus chaude, entoure le Soleil d'un halo de gaz à 1 million de degrés. L'éclat observé dépend de la distance et de la luminosité de l'étoile. Mais attention, il est dit que « ni le Soleil ni la mort ne peuvent se regarder en face ! ». Pour observer le premier, et ceci est une précaution indispensable, il faut placer devant ses yeux un filtre spécial afin de les protéger de dommages irréversibles.

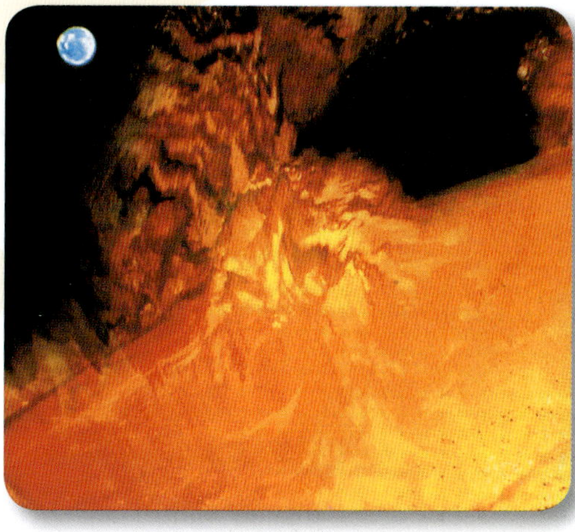

La surface du Soleil est en perpétuel mouvement et les éruptions sont spectaculaires : certaines s'étendent sur des centaines de milliers de kilomètres. Si elles avaient lieu sur Terre, les gaz brûlants atteindraient la Lune. Ce dessin montre une telle éruption ; la Terre est montrée en haut à gauche, à l'échelle, pour mieux visualiser l'ampleur du phénomène.

Qu'est-ce qu'une planète ?

Les planètes sont des astres gravitant autour d'une étoile. Elles sont sphériques, plus ou moins grosses, sont de couleurs différentes et de constitutions variées. Le mot « planète » signifie « errant » en grec : les astronomes antiques voyaient en elles des nomades du ciel qui se déplacent toujours.

Toutes les planètes gravitent autour du Soleil.

Les planètes de notre Système solaire sont toutes des satellites du Soleil. D'une manière générale, selon la définition adoptée en 2006 par l'Union astronomique internationale, une planète est un astre solide ou gazeux gravitant autour d'une étoile ; il est suffisamment massif pour posséder sa propre gravité et éliminer tout autre objet qui pourrait posséder la même orbite que lui. Une planète peut avoir une atmosphère très variable d'un astre à l'autre, ou non.

Comment naît une planète ?

La naissance d'une planète est souvent violente : percutée en permanence par d'énormes astéroïdes, sa surface s'échauffe et fond.

Quand notre Système solaire s'est formé, un immense nuage de poussières en forme de « crêpe » se mit à tourner, et à tourner de plus en plus vite. Le centre fut l'origine du Soleil et les « grumeaux » qui se détachèrent des bords devinrent huit planètes, toutes différentes les unes des autres.

Les particules de poussière du nuage – qui entourait le Soleil nouvellement constitué – ont commencé de s'agglomérer en blocs plus grands et plus ou moins chauds, voire en fusion. Ce processus d'accrétion s'est poursuivi pendant des millions d'années jusqu'à la formation de la planète qui ensuite se refroidit lentement, les gaz des nuages formant leur atmosphère. Les planètes rocheuses ont perdu depuis leur atmosphère primordiale. Dans le cas de Vénus, la Terre et Mars, celle-ci a été remplacée par de nouvelles atmosphères, formées à partir des gaz expulsés de l'intérieur des planètes par les volcans ou la collision avec d'autres astres.

Peut-on respirer sur les autres planètes ?

L'atmosphère est irrespirable si elle n'est pas constituée de suffisamment d'oxygène comme sur la Terre. Il est impossible pour un homme, sur les autres planètes dépourvues d'air, de respirer sans l'aide d'un dispositif lui fournissant cet oxygène très précieux.

Mercure, sans atmosphère et sans eau, est une planète brûlée par les radiations solaires. Vénus possède une atmosphère hautement toxique, donc également irrespirable. Mars est glaciale et a trop peu d'air. Jupiter et les autres planètes sont presque exclusivement composées de gaz extrêmement froids. Nous pouvons mesurer à quel point il est merveilleux, émouvant et unique à ce jour que la vie ait pris forme sur la Terre dans des conditions favorables exceptionnellement réunies.

Existe-t-il des volcans ailleurs que sur Terre ?

Plusieurs planètes et satellites ont des volcans actifs : ceux de la Terre, et probablement ceux de Vénus, rejettent de la lave. Quant aux lunes, les volcans de Io éjectent du soufre, ceux de Callisto et Triton, de l'eau. Ici un geyser sur Triton dominé par Neptune.

Les planètes gazeuses ne peuvent comporter de volcans. Seuls les corps solides, par leur constitution propre, sont susceptibles d'en avoir alimenté dans le passé et parfois aujourd'hui encore. On trouve des cratères volcaniques sur Mercure, Vénus et Mars, ainsi que sur plusieurs lunes des planètes du Système solaire.

Sur les photographies qu'ont rapportées les sondes, Mercure montre un paysage lunaire, parsemé de montagnes, de cratères et de vallées. On suppose que, comme la Lune, Mercure a connu à une certaine époque une activité volcanique. Mars comporte également d'anciens cratères volcaniques de plusieurs centaines de kilomètres de diamètre, ainsi que d'impressionnantes crevasses. Le mont Olympus sur Mars est le plus gigantesque volcan du Système solaire : 648 km de diamètre, 22,5 km de haut et son cratère mesure 82 x 89 km ! Il est aujourd'hui éteint, comme tous les autres volcans martiens.

Pourquoi la Lune ne tombe-t-elle pas sur la Terre ?

© Fotolia

Contre toute attente, la Lune tombe bien sur la Terre. Sinon, elle continuerait tout droit pour disparaître dans l'infini. Puisque sa trajectoire s'incurve, c'est qu'elle tombe, mais sa vitesse de rotation autour de la Terre est si grande qu'elle la maintient dans sa course sur une orbite stable toujours à la même distance de la Terre.

Comprenons bien que la Lune est attirée vers la Terre par la force de gravité. C'est une force que possède chaque planète, étoile, astéroïde… Elle attire tout ce qui passe à proximité vers son centre. Mais une autre force, dite force centrifuge, s'oppose à l'attraction universelle. Grâce à l'énergie dégagée par la vitesse à laquelle elle parcourt son orbite, la Lune a tendance à fuir le centre de la Terre. Ces deux forces contraires se contrecarrent parfaitement. Toutefois, la Lune s'éloigne chaque année de quelques centimètres de la Terre.

© Shutterstock

Pourquoi y a-t-il des cratères sur la Lune ?

La Lune est une boule rocheuse de 3 476 km de diamètre, environ un quart de la grosseur de la Terre. Les cratères formés à la surface de son globe sont pour la plupart des traces de météorites ou d'astéroïdes.

Pendant des siècles, les controverses ont fait rage entre les astronomes à propos de l'origine des cratères de la Lune. Un groupe leur attribuait une origine volcanique, un autre affirmait qu'ils étaient des cicatrices laissées par le choc des météorites. L'exploration du satellite par les spationautes et les sondes spatiales a confirmé que la majorité des cratères lunaires furent causés par un bombardement de météorites il y a environ 4 milliards d'années. Aujourd'hui encore, l'impact occasionnel de météorites peut former un nouveau cratère, et une pluie continuelle de micrométéorites érode en poussière la surface de notre satellite.

Pourquoi les spationautes sont-ils si légers sur la Lune ?

© Shutterstock

La Lune étant beaucoup plus petite que la Terre, la gravitation y est plus faible. Un être humain qui pèse 82 kg sur Terre ne pèsera que 14 kg sur la Lune.

La force de gravitation sur la Lune est six fois moindre que sur la Terre. C'est pourquoi les spationautes ne peuvent marcher sur la Lune comme ils le font sur la Terre, car à chaque pas ils s'élèveraient à plusieurs mètres du sol. Pour mieux garder leur équilibre et rester au sol, il leur faut donc marcher en traînant les pieds.

Depuis quand les hommes voyagent-ils dans l'espace ?

© Fotolia

Cela ne fait qu'un peu plus de cinquante ans qu'un homme, pour la première fois, s'aventura dans l'espace. Le 12 avril 1961, le cosmonaute russe Youri Gagarine, à bord de Vostok 1, est le premier être humain à effectuer un vol spatial. Quatre ans plus tard, un autre cosmonaute russe, Alexeï Leonov, quitta sa cabine et flotta un moment dans l'espace, rattaché par un câble. Depuis, les expéditions se sont multipliées.

Dès 1961, les Américains lancèrent le programme de vols habités Mercury. John Glenn, le premier astronaute, décrivit le 20 février 1962 trois orbites successives autour de la Terre. Après le séjour des premiers hommes dans l'espace, le grand événement fut d'explorer la Lune grâce aux missions Apollo. Neil Armstrong est le premier homme à avoir posé le pied sur le sol lunaire, le 21 juillet 1969, lors de la mission Apollo-11. Onze hommes lui ont succédé. Si les Russes appellent leurs hommes envoyés dans l'espace des cosmonautes, les Américains nomment les leurs des astronautes, les Européens des spationautes et les Chinois des taïkonautes.

Qu'est-ce qu'une comète ?

C'est un astre irrégulier formé de poussières et de glace et entouré de gaz qui deviennent lumineux à l'approche de notre étoile. Les comètes se déplacent autour du Soleil dont elles sont des satellites, selon une orbite très allongée. Ce sont les seuls objets qui s'éloignent jusqu'aux sombres confins du Système solaire, au-delà de Neptune.

Lorsqu'elle s'approche du Soleil, la tête de la comète, appelée le noyau, libère d'énormes quantités de gaz qu'elle traîne à sa suite en une longue chevelure gazeuse et brillante. Cette chevelure, ou queue, toujours tournée du côté opposé au Soleil, peut s'étirer sur plusieurs millions de kilomètres. Certaines comètes sont visibles à l'œil nu, mais on les observe pour la plupart au télescope. La célèbre comète de Halley accomplit en 76 ans son périple autour du Soleil. Elle a été vue à plusieurs reprises, et son passage a toujours impressionné les hommes. Certaines comètes ne reviennent jamais près de la Terre. D'autres, avec l'âge, s'évanouissent lentement en perdant leurs gaz et leurs poussières. Cette poussière se répand à travers le Système solaire et, lorsque la Terre la traverse, cela produit des traits de lumière. Ce sont les étoiles filantes.

Quand peut-on voir des étoiles filantes ?

Une étoile filante est un météore, c'est-à-dire une météorite – fragment de roche ou poussière cosmique – qui s'enflamme en traversant à grande vitesse l'atmosphère. C'est donc le frottement de la météorite contre les molécules de l'atmosphère qui l'échauffe tellement qu'elle émet de la lumière.

À condition de ne pas se trouver trop près d'une grande ville – dont la clarté du ciel est obstruée par la pollution ou l'éclairage public –, on peut voir des étoiles filantes pendant les nuits d'été, surtout au mois d'août, en particulier après minuit. Il arrive que de grandes pluies de météorites s'abattent dans le ciel en multiples éclats de lumière pour disparaître à tout jamais !

Index